副刊文丛 一 主编 李辉 王刘纯

装帧如花

何宝民 著

中原出版传媒集团
中原传媒股份公司
大象出版社
·郑州·

图书在版编目(CIP)数据

装帧如花 / 何宝民著. — 郑州 : 大象出版社,
2021. 1
(副刊文丛 / 李辉, 王刘纯主编)
ISBN 978-7-5711-0623-2

Ⅰ. ①装… Ⅱ. ①何… Ⅲ. ①书籍装帧-文集
Ⅳ. ①TS881

中国版本图书馆 CIP 数据核字(2020)第 084408 号

装帧如花

ZHUANGZHEN RU HUA

何宝民 著

出 版 人 汪林中
项目统筹 李光洁 成 艳
责任编辑 张 琰
责任校对 安德华
封面设计 李慧敏
书籍设计 段 旭
美术编辑 杜晓燕

出版发行 大象出版社(郑州市郑东新区祥盛街 27 号 邮政编码 450016)
发行科 0371-63863551 总编室 0371-65597936
网 址 www.daxiang.cn
印 刷 北京汇林印务有限公司
经 销 各地新华书店经销
开 本 787 mm×1092 mm 1/32
印 张 9.625
字 数 123 千字
版 次 2021 年 1 月第 1 版 2021 年 1 月第 1 次印刷
定 价 68.00 元
若发现印、装质量问题,影响阅读,请与承印厂联系调换。
印厂地址 北京市大兴区黄村镇南六环磁各庄立交桥南 200 米(中轴路东侧)
邮政编码 102600 电话 010-61264834

“副刊文丛”总序

李　辉

设想编一套“副刊文丛”的念头由来已久。

中文报纸副刊历史可谓悠久，迄今已有百年。副刊为中文报纸的一大特色。自近代中国报纸诞生之后，几乎所有报纸都有不同类型、不同风格的副刊。在出版业尚不发达之际，精彩纷呈的副刊版面，几乎成为作者与读者之间最为便利的交流平台。百年间，副刊上发表过多少重要作品，培养过多少作家，若要认真统计，颇为不易。

“五四新文学”兴起，报纸副刊一时间成为重要作家与重要作品率先亮相的舞台，从鲁迅的小说《阿Q正传》、郭沫若的诗歌《女神》，到巴金的小说《家》等均是在北京、上海的报纸副刊上发表，从而产生广泛影响的。随着各类出版社雨后春笋般出现，杂志、书籍与报纸副刊渐次形成三足鼎立的局面，但是，不同区域或大小城市，都有不同类型的报纸副刊，因而形成不同层面的读者群，在与读者建立直接和广泛的联系方面，多年来报纸副刊一直占据优势。近些年，随着电视、网络等新兴媒体的崛起，报纸副刊的优势以及影响力开始减弱，长期以来副刊作为阵地培养作家的方式，也随之隐退，风光不再。

尽管如此，就报纸而言，副刊依旧具有稳定性，所刊文章更注重深度而非时效性。在新闻爆炸性滚动播出的当下，报纸的所谓新闻效应早已滞后，无法与昔日同日而语。在我看来，唯有副刊之类的版面，侧重于独家深度文章，侧重于作者不同角度的发现，才能与其他媒体相抗衡。或者说，只有副刊版面发表的不太注重新闻时效的文章，才足以让读者静下心，选择合适时间品茗细读，与之达到心领神会的交融。这或许才是一份报纸在新闻之外能够带给读者的最佳阅读体验。

1982 年自复旦大学毕业，我进入报社，先是编辑《北京晚报》副刊《五色土》，后是编辑《人民日报》副刊《大地》，长达三十四年的光阴，几乎都是在编辑副刊。除了编辑副刊，我还在《中国青年报》《新民晚报》《南方周末》等的副刊上，开设了多年个人专栏。副刊与我，可谓不离不弃。编辑副刊三十余年，有幸与不少前辈文人交往，而他们中间的不少人，都曾编辑过副刊，如夏衍、沈从文、萧乾、刘北汜、吴祖光、郁风、柯灵、黄裳、袁鹰、姜德明等。在不同时期的这些前辈编辑那里，我感受着百年之间中国报纸副刊的斑斓景象与编辑情怀。

行将退休，编辑一套“副刊文丛”的想法愈加强烈。尽管面临新媒体的挑战，不少报纸副刊如今仍以其稳定性、原创性、丰富性等特点，坚守着文化品位和文化传承。一大批副刊编辑，不急不躁，沉着坚韧，以各自的才华和眼光，既编辑好不同精品专栏，又笔耕不辍，佳作迭出。鉴于此，我觉得有必要将中国各地报纸副刊的作品，以不同编辑方式予以整合，集中呈现，使纸媒副刊作品，在与新媒体的博弈中，以出版物的形式，留存历史，留存文化，便于日后人们借这套丛书领略中文报纸副刊（包括海外）曾经拥有过的丰富景象。

“副刊文丛”设想以两种类型出版，每年大约出版二十种。

第一类：精品栏目荟萃。约请各地中文报纸副刊，挑选精品专栏若干编选，涵盖文化、人物、历史、美术、收藏等领域。

第二类：个人作品精选。副刊编辑、在副刊开设个人专栏的作者，人才济济，各有专长，可从中挑选若干，编辑个人作品集。

初步计划先从20世纪80年代开始编选，然后，再往前延伸，直到“五四新文学”时期。如能坚持多年，相信能大致呈现中国报纸副刊的重要成果。

将这一想法与大象出版社社长王刘纯兄沟通，得到王兄的大力支持。如此大规模的一套“副刊文丛”，只有得到大象出版社各位同人的鼎力相助，构想才有一个落地的坚实平台。与大象出版社合作二十年，友情笃深，感谢历届社长和编辑们对我的支持，一直感觉自己仿佛早已是他们中间的一员。

在开始编选“副刊文丛”过程中，得到不少前辈与友人的支持。感谢王刘纯兄应允与我一起担任丛书主编，感谢袁鹰、姜德明两位副刊前辈同意出任“副刊文丛”的顾问，感谢姜德明先生为我编选的《副刊面面观》一书写序……

特别感谢所有来自海内外参与这套丛书的作者与朋友，没有你们的大力支持，构想不可能落地。

期待“副刊文丛”能够得到副刊编辑和读者的认可。期待更多朋友参与其中。期待“副刊文丛”能够坚持下去，真正成为一套文化积累的丛书，延续中文报纸副刊的历史脉络。

我们一起共同努力吧！

2016 年 7 月 10 日，写于北京酷热中

目 录

小 引

讲究装帧，注重封面设计和插画，追求艺术的出版物，是“五四新文学”乃至整个中国现代文学的一个传统。

《装帧如花》说的是现代文学期刊的装帧，原是作者为《北京青年报》副刊《美书馆》开设的《民国杂志装帧》的专栏文字。

2017年10月20日专栏开栏。《美书馆》的“编者按”中说：“中国现代书刊装帧，发轫于20世纪初，‘洋装书’带来了书籍形态的革新，装帧设计变得不可或缺。那是充满创造力的时代，短短几十年，名家辈出，他们不仅致力于图书设计，在期刊杂志的封面、插图、字体、版式等方面也作出了大量的卓越探索。《美书馆》版面从今日起开辟专栏，撷英集萃，介绍民国杂志的装帧设计。”

专栏的文字和图片连载时由于版面限制，都有压缩。这次结集出版均作了增订。三十二个小题，分属封面（流变与名家）、插图（风格与画种）、饰图、版面、画页、目录页和版权页、美术字、开本、文学广告、“刊中刊”和“刊外刊”十个方面，构成一部民国现代文学期刊装帧艺术的纵横谈。

全书插配近五百张刊影和插图，皆选自清末至1949年9月出版的文学期刊。既是例证，也在助趣。

昔日文学期刊装帧花团锦簇，让我们寻芳探赏，感受美的陶冶……

期刊封面：从清末到民国

封面是期刊的“脸”，一个刊物传递精神旨趣和文化品位的重要窗口。

1920 年，年轻的闻一多就写过《出版物底封面》一文，提倡“美的封面”，强调“美的封面”“引买书者注意”，“使存书者因爱惜封面而加分地保存”，“使读者心怡气平，容易消化并吸取本书底内容”，并具有“辅助美育”“传播美术”的功能与作用。

《瀛寰琐纪》是学界公认的中国最早的文学期刊，1872 年 9 月 11 日在上海创刊。每月一期，随《申报》附送，至 1875 年 1 月止。主要刊载笔记小说和翻译小说。二十四开线装本，封面用文武双线框，框内画三界格，右上为期数，左下为出版发行者，中间为刊名，中式的视觉样式。

《新小说》

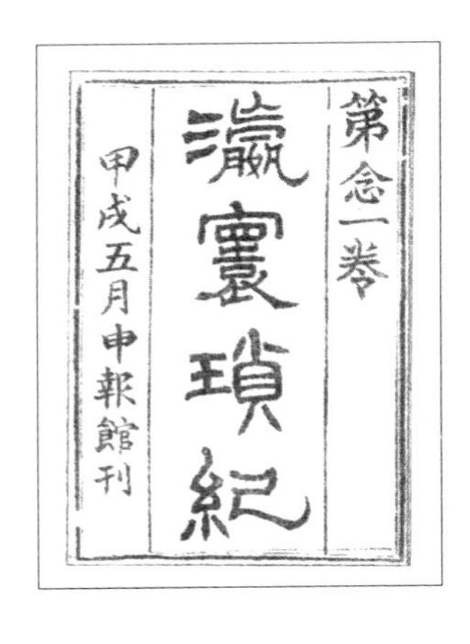

《瀛寰琐纪》

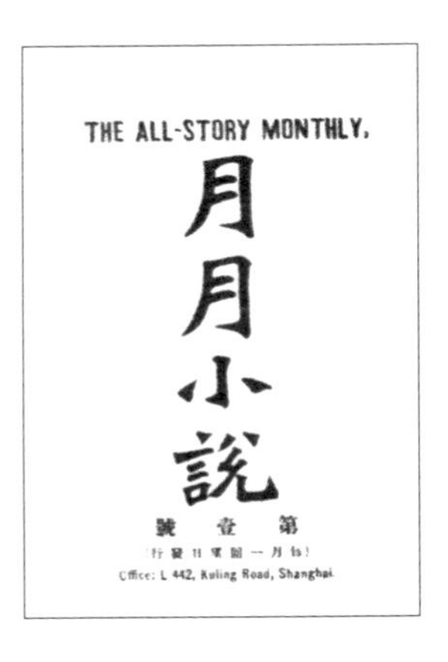

《月月小说》

清末民初，资产阶级改良派鼓吹小说有启蒙大众、改革社会的功能，因之小说创作繁荣，小说报刊迅速崛起。中国最早专载小说的期刊是梁启超主编的《新小说》，1902年11月在日本横滨创刊，首倡“小说界革命”，称赞小说这一文学体裁具有影响人群、社会、历史的“不可思议”的巨大支配力量。中国小说期刊的出版由此开始。1903年5月李伯元编辑的《绣像小说》，1906年11月吴趼人编辑的《月月小说》，1907年2月黄人（摩西）主编的《小说林》相继创刊。他们延续《新小说》

《绣像小说》

《小说林》

倡导的“小说界革命”理论，继承《新小说》精神，“从各个方面反映了当时的中国社会，揭露了政治的黑暗，帝国主义的迫害，半殖民地的形形色色，以及破除迷信，反对缠足，灌输科学知识等。这些小说，不仅出自名手，影响也极广大”（阿英：《晚清文艺报刊述略》）。

四大小说期刊的封面，三种都以花卉为装帧内容。《新小说》是一帘下垂的紫藤，《绣像小说》是一朵怒放的牡丹，《小说林》则是从右上向左下延伸的垂丝海棠。《月月小说》封面无画，刊名四个字从

《小说时报》

《小说月报》

上到下居中排列，上端是英文刊名 THE ALL-STORY MONTHLY，底端是期号和发行所的英文地址。简洁雅致是其共有的特色，但未免有点单调。

清末期刊对政治的张扬最为激烈的时期是 1902 年至 1905 年，小说被赋予了教育者的身份及责任。这是当时办刊的时尚，也是刊物能立足的条件。梁启超倡导的政治小说，虽然一度应者如云，但一时的新鲜感之后，反应渐趋冷淡。理想中的启民与现实中的缺少读者市场形成巨大的反差，小说期刊的创办者为了生存开始

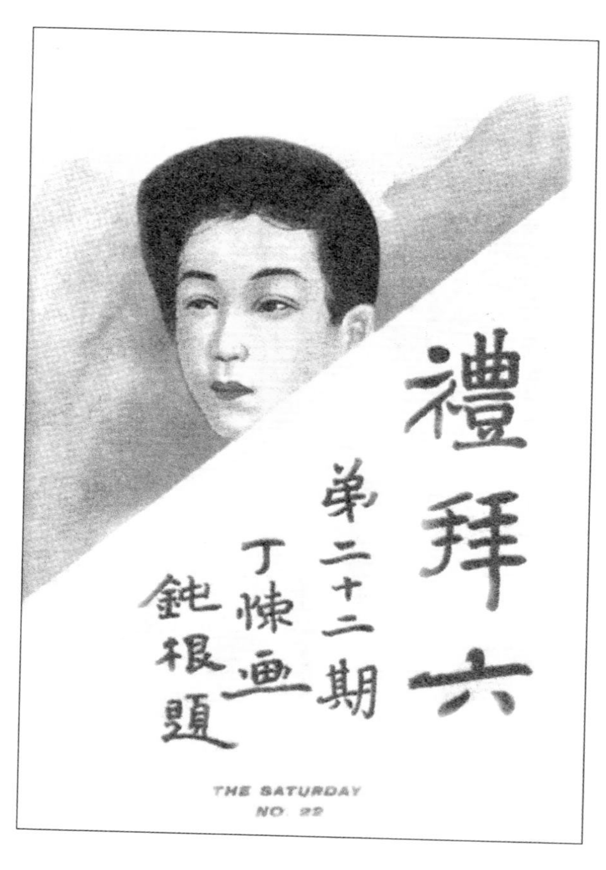

《礼拜六》

《中华小说界》

《民权素》

探索调整并重新选择自己的发展道路。

1914 年前后，市民社会的需求、职业作家的形成，一个通俗的文学流派——鸳鸯蝴蝶派在中国文坛出现，鸳鸯蝴蝶派的报刊蜂起。且不说 1909 年 10 月创刊的《小说时报》和 1910 年 8 月创刊的《小说月报》，仅 1914 年一年，1 月《中华小说界》面世，接着 4 月《民权素》、5 月《小说丛报》、6 月《礼拜六》、8 月《快活世界》、9 月《繁华杂志》、10 月《眉语》、12 月《销魂语》，一个个如雨后春笋，破土而出。近二十家刊物，一时

《繁华杂志》

《眉语》

《销魂语》

《小说新报》

蔚为大观。这类通俗刊物所选内容以小说为主，集合具有相似特征的文学样式，皆以趣味、消闲为办刊宗旨，供读者闲暇之日享受闲暇之情。《礼拜六出版赘言》这样描述："游倦归斋，挑灯展卷，或与良友抵掌评论，或伴爱妻并肩互读，意兴稍阑，则以其余留于明日读之。晴曦照窗，花香入座，一编在手，万虑都忘，劳瘁一周，安闲此日，不亦快哉！"鸳鸯蝴蝶派，广义来说，包罗民初以来游戏的、消遣的、趣味主义的文学，青楼哀怨、市民苦乐、黑幕内外，皆在其内；狭义而言，指专门描写才子佳人故事的作品，哀情、悲情、艳情、苦情、惨情等与"情"字有关的文学，尽在其中。

鸳鸯蝴蝶派刊物的封面与内容相匹配，主要是彩色绘画的仕女。沈泊尘、丁聪、周柏生、胡伯翔等众多海上画家笔下的女郎顺次登场。封面期期更换，一新读者眼帘。

鸳鸯蝴蝶派的仕女图

20 世纪 20 年代，仕女图装帧成为鸳鸯蝴蝶派刊物封面设计的通例，风行一时。

1914 年 6 月 6 日创刊的《礼拜六》，周刊，王钝根编辑（后署钝根、剑秋编辑）。刊物模仿美国富兰克林的《礼拜六晚邮报》，追求休闲性和都市性。1916 年 4 月 29 日出至一百期后停刊。1921 年 3 月 19 日《礼拜六》复刊，至 1923 年 2 月 10 日第二百期出版后终刊。两个一百期，显示了它顽强的生命力。滑稽戏谑的漫画和仕女图是其封面的主体。丁悚是《礼拜六》画家群体的代表人物。

周瘦鹃为鸳鸯蝴蝶派杂志的编辑大家。1921 年 9 月创办《半月》，1925 年 11 月停刊。当年 12 月又创刊《紫罗兰》，半月刊，1930 年 6 月停刊。这期间还

《礼拜六》

《半月》

有《紫兰花片》，月刊，英文刊名为 The Violet，所载作品均为周瘦鹃的译著。1922 年创刊，1924 年停刊。《紫罗兰》追求趣味性和通俗性，注意封面与内文的美化。创刊号编者说：“随时插入图案画与仕女画等，此系效法欧美杂志，中国杂志中未之见也。”三种期刊的封面皆仕女图像，或清雅端庄，或艳丽活泼，突破定式，仪态万方，分别出自庞亦鹏、谢之光、杭樨英的画笔。

1922 年 8 月《红杂志》周刊创刊，施济群编辑。《发刊词》说：杂志取名于“红”，是因为“国旗五色，首冠

《紫罗兰》

《红杂志》之一

《红杂志》之二

于红”，《红杂志》要以“鼓吹文化，发扬国光”为己任。1924 年 7 月出满一百期后，改名为《红玫瑰》继续出版，编辑赵苕狂。1928 年改为旬刊，1932 年终刊。《红杂志》和《红玫瑰》的封面选用漫画和仕女图，朱凤竹、丁云先、胡亚光等画家热衷于表现平民生活的风俗世情。

仕女图展现了民初女子的姿容、服饰、发式，引领了市民的审美潮流。早期的仕女图受传统仕女图的影响，女子姣好面庞、细长眼睛，柳叶眉，朱唇粉腮。无论是大家闺秀或小家碧玉，或托腮凝思，或静坐弄

《红玫瑰》之一

《红玫瑰》之二

花，娴静中又含蕴着孤寂。画家工笔精细地描绘人物，背景或略去，或以写意的笔法完成。后期的仕女图，女性不再囿于小小的一隅之地，而是进入相对广阔的空间。画家徐咏青、但杜宇为《小说时报》等绘制的仕女图，人物身份多样，既有年轻学生、新潮女子，也有农妇、村姑等，朝气淋漓，顾盼生辉；生活场景已不限于日常家居，洗衣、晾衣、刺绣、读书、弹琴、骑车、策马等，一一纳入笔底。环境的设置也具有时代气息，比如，室内陈设，已不是一桌两椅，中挂立

《小说时报》之一

《小说时报》之二

《小说时报》之三

《小说时报》之四

《小说时报》之五

《小说时报》之六

轴画的布局，而常为圆桌，上铺台布，边置洋椅，壁悬西画，有的居家更是壁炉、电话、沙发、地毯，全盘西化。1909 年 10 月创刊于上海的《小说时报》，包天笑主编，制作精良，在广告中自称："当本报发轫之始，中国虽间有小说杂志，而封面之美丽，图画之精彩，皆未之前有是。""本报不特于小说界上占一重要之位置，亦为美术界上有数之美品。"

《心声》《快活》等这一时期出版的通俗文学刊物，封面无一不是以仕女图作为"标记"。

《小说丛报》

《快活》

《社会之华》

《游戏世界》

新文学刊物的似锦繁花

1915年9月15日，陈独秀主编的《青年杂志》在上海问世。封面右侧是红色中文刊名，上方是法文“LA JEUNESSE”，正中是美国人安多留·卡内基的头像，卡内基是“艰苦力行之成功者的典型”。1916年9月1日，第二卷第一号改名为《新青年》，以崭新的形象和名称亮相。《新青年》像春雷初动一般警醒了整个时代青年，点燃了民主与科学之火。《新青年》最早向旧文学发难，举起“文学革命”义旗，最早显示“文学革命”实绩，成为中国现代文学的滥觞。

中国现代书刊装帧是从五四新文化运动起步的。当时西方先进印刷技术的传入、造纸技术的进步，使现代书刊的印装工艺有了很大的变化。但中国出版物仍然套用传统书籍的装帧形式，书刊的封面和版式显得

《青年杂志》

《新青年》

陈旧，创新势在必行。

20 世纪 20 年代，欧洲的立体主义、构成主义、表现主义等新兴艺术如潮水般进入中国。新文学刊物以西方新锐文艺期刊为摹本，改变了民初通俗期刊以仕女图装帧封面和插图的格局。读者从 1928 年创刊的《大江》《无轨列车》《乐群》《太阳月刊》可以看到，尽管刊物的政治倾向不同，但装帧无不是新风扑面。

30 年代，书刊装帧逐步受到重视，作家、学者、画家、编辑等群体的参与，使书刊设计进入激变。艺

《太阳月刊》

《拓荒者》

术家百无禁忌，博收众长，体现不同流派的艺术风格，文学期刊装帧异彩纷呈。

普罗主义的讨论曾在文艺界成为主流。普罗，即普罗列塔利亚（Proletariat）的音译缩写，意为无产阶级。普罗艺术作品表现的压迫、苦难、不平、抗争、牢狱、牺牲，为左翼文学刊物接纳并张扬。《拓荒者》《太阳月刊》的封面图像形象地表达了“向太阳，向着光明走”的革命激情和披荆斩棘的伟力，笔触粗犷刚健，色彩简洁明朗。1930 年“左联”成立后，“左联”的

《现代》

《大江》

《无轨列车》

文学期刊先后就有四十六种，封面的设计各具特色，但同为左翼传播媒介，与通俗杂志有明显的间隔。

《现代》创刊于1932年5月1日，施蛰存主编。《现代》对不同政治倾向、创作方法、艺术风格兼容并包的开放胸襟，中立与前卫的态度，论者称道为“《现代》的风度”。创刊号图案与美术字组合的封面给人以现代之感。第四卷第一至第六期的封面，依次为庞薰琹、张光宇、雷圭元、郭建英、叶灵凤、周多设计，现代艺术家的现代绘画，奇丽华美。

《乐群》

《文艺月刊》

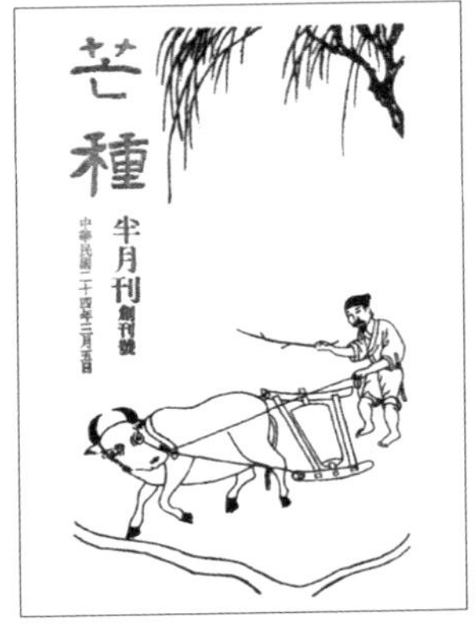

《芒种》

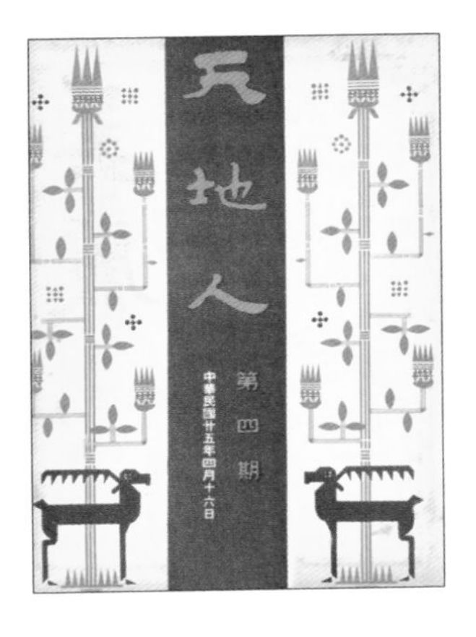

《天地人》

《人间世》

《文学》

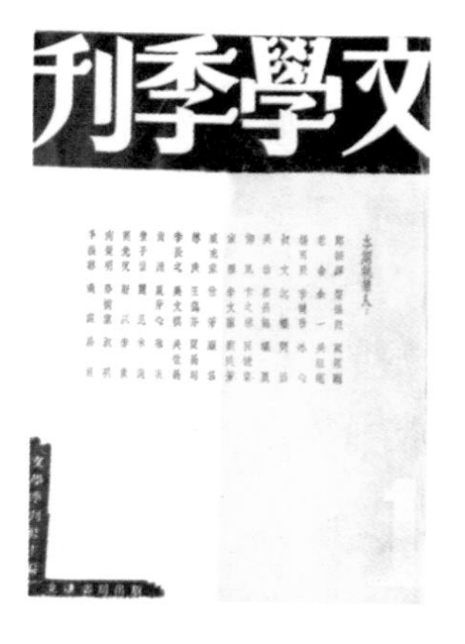

《文学季刊》

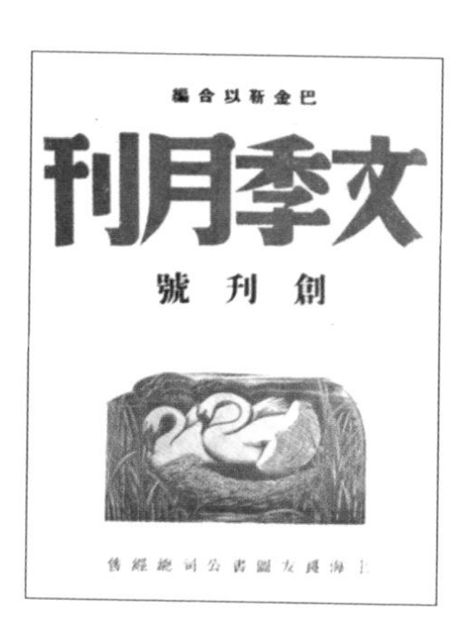

《文季月刊》

La Kreo

創造

創刊號

第一卷 第一期

目錄

上海

泰東圖書局出版

《创造》

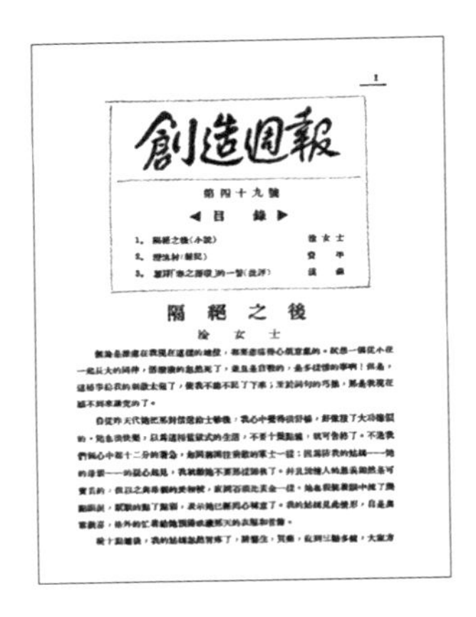
1

創造週報

第四十九號

目錄

1. 隔絕之後（小說） 淦女士

隔絕之後

淦女士

《创造周报》

1932 年 9 月，林语堂在上海创办《论语》，“以提倡幽默文字为主要目标”，为新文学史上的第一家。1934 年又创《人间世》，1935 年再创《宇宙风》。加上《谈风》《逸经》等与林语堂旨趣相同的刊物，组成论语派小品文刊物的系列。封面漫画大多为丰子恺绘制。

1933 年 7 月 1 日《文学》创刊，茅盾、郑振铎等编辑。这是《小说月报》终刊后文学研究会同人重整旗鼓的一大行动，被视为“轰动文坛的大事之一”。《文学》荟萃名家，推出新秀，如文坛巨树。封面设计出入中西，构成了美丽的景观。

《文学季刊》，郑振铎、靳以主编，1934 年 1 月 1 日在北平出版。每期三百五十余页，创大型文学杂志出版的先例。创刊号封面设色单纯，稳重大气。曹禺的《雷雨》就是在《文学季刊》首发后知名天下的。1936 年 6 月创刊于上海的《文季月刊》，巴金、靳以编辑。以刊载曹禺的《日出》，再次引发轰动效应。

早期新文学刊物的封面，并没有受到重视。1922 年出版的《创造》季刊和稍后的《创造周报》，封面只是印了刊名和要目。当时的“设计”，主要指封面画的绘制或选择。完整的封面设计应是在统一考虑封面版面的前提之下，将图片、文字、字体、字号、位置等所有的设计元素，根据相互关系，妥善布局，合度安置。这一改革由于鲁迅的倡导和践行，最终迎来了繁花似锦的局面。

《东方杂志》与《小说月报》

《东方杂志》是商务印书馆出版发行的大型综合性期刊。

1904 年 3 月 11 日（清光绪三十年正月二十五日）创刊，1948 年 12 月终刊，共出刊四十四卷八百一十八期（王勇：《东方杂志与现代中国文学》），另有增刊。

《东方杂志》最初是一种选报性质的资料性刊物，每月剪辑国内出版的报章杂志上的记事、论文，分类刊登，供留心时事者参考。1911 年，农历辛亥，杂志从内容到形式有了大的改变：编者从拥护君主立宪到批评清廷再到站在革命军一面；杂志由原来的三十二开改为十六开，由月刊改为半月刊。

四十五年的历程，《东方杂志》发展成为以时事政治为关注焦点，同时广泛涉及交通、商务、历史、舆地、

《东方杂志》之一

《东方杂志》之二

《东方杂志》之三

文学、艺术等诸多领域的大刊。虽是综合性杂志，但刊登了大量的文学作品。“先后约三百位不同政治倾向、不同文学流派的近现代作家在该刊发表过创作或论文。这是中国三代作家先后走上文坛的一个共同的创作平台。”（刘增杰：《文化期刊中的文学世界》）不仅如此，它还给新文学的创作主题、题材、艺术方法、文学思潮等方面，以正确有力的支持，为中国近现代文学的研究提供了丰厚、广阔、更原生态的史料。《东方杂志》是中国近现代文学发展的一个见证和缩影。

《东方杂志》之四

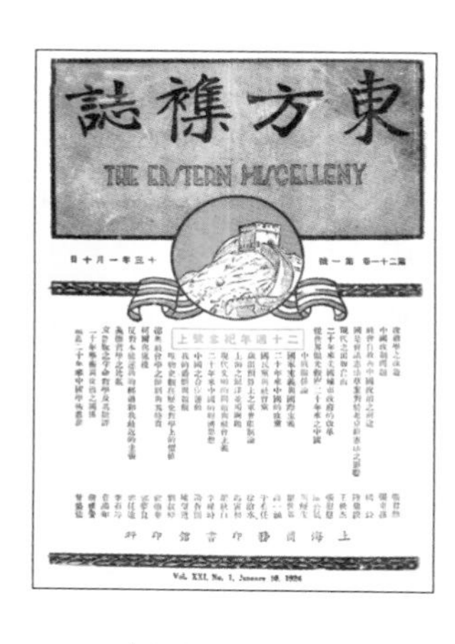

《东方杂志》之五

《东方杂志》之六

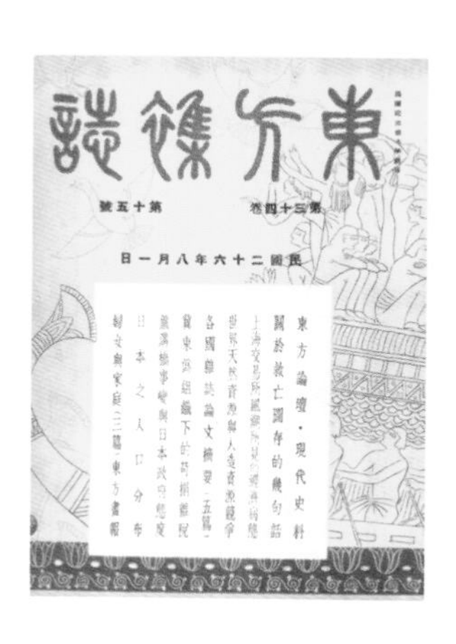

《东方杂志》之七

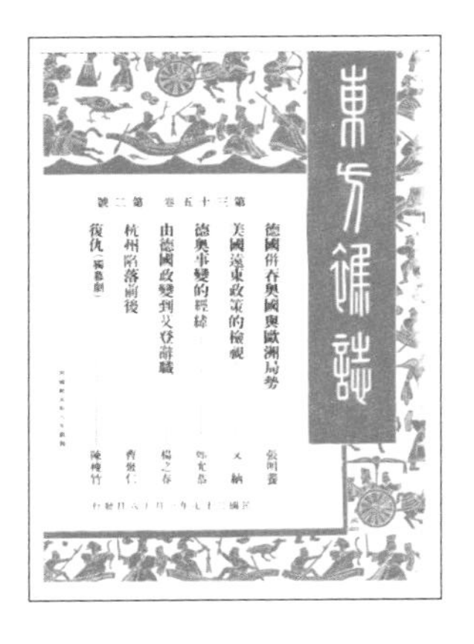

《东方杂志》之八

《东方杂志》之九

《东方杂志》之十

《东方杂志》之十一

《小说月报》之一

《小说月报》之二

《小说月报》之三

《小说月报》是商务印书馆出版发行的大型文学期刊。

1910年8月29日（清宣统二年七月二十五日）创刊，1931年12月10日终刊，共出刊二十二卷二百五十九期（含增刊一期），又号外三册。（殷克勤：《简论〈小说月报〉在中国现代文学史上的地位和作用》）前四卷为二十五开本，自五卷一号起改为十六开本。

《小说月报》前后历时二十二年，贯穿了中国文学由维新运动以来的半新半旧状态到“五四新文学”后

《小说月报》之四

《小说月报》之五

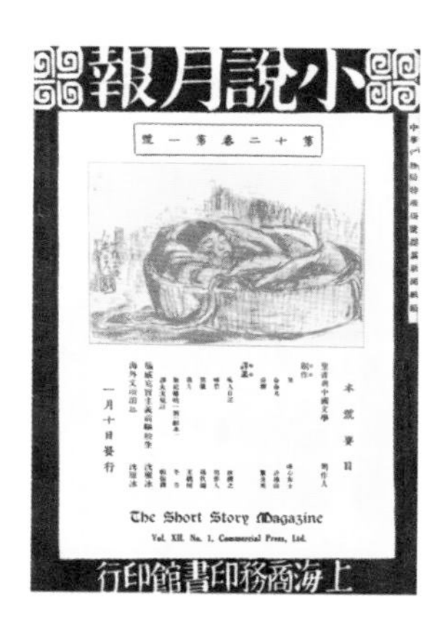

《小说月报》之六

《小说月报》之七

《小说月报》之八

《小说月报》之九

现代转型之完成的全过程。创刊至1920年第十一卷为前期，是鸳鸯蝴蝶派的地盘，刊发了大量的言情类通俗作品。1921年1月第十二卷至终刊为后期，第十二卷第一号《改革宣言》表示：“谋更新而扩充之”，提出文学当“表现人生，指导人生”全新的文学主张，“创造中国之新文艺”。《小说月报》成为发表新文学作家作品的重要阵地。

《东方杂志》创刊号封面是云中口吐白光的巨龙、喷薄的红日和地球仪的组合，古老图腾与科学仪器并

《小说月报》之十

《小说月报》之十一

列在一个画面，世界潮流汹涌与闭关锁国的现实，识者当会五味杂陈。

《小说月报》创刊号封面不是当时鸳鸯蝴蝶派期刊热衷的封面女郎，而是水彩《花蝶牡丹》。雅中有俗，俗中有雅，这与时任主编王蕴章对刊物的定位契合，即一方面追求大众性，另一方面追求品格的高雅。

两大期刊随着编辑思想的确立与完善，封面也有着一次次的变化。中外名人都进入了封面，前者刊出了影响着近代史走向的风云人物袁世凯、宋教仁、吴

《小说月报》之十二

《小说月报》之十三

《小说月报》之十四

《小说月报》之十五

《小说月报》之十六

《小说月报》之十七

稚晖、张謇等，后者有秋瑾女杰及外国作家。但就总体倾向而言，《东方杂志》喜欢运用长城、雄狮、凤凰以及书法篆刻等富有中国特色的意象，以图案的装饰手法结构经营封面。《小说月报》的封面则常选用中国和世界名画以及双鸭戏水、山村风景的小品来装帧，或使用收获的、播种的女性，睡眠的婴儿等彩图，给人带来审美的愉悦。

40年代文学期刊的风景线

活跃在40年代的文学期刊，不少从30年代末起步。

1937年8月13日，日军进攻上海，22日《呐喊》创刊。编者在《本刊启事》中说明刊物出版的原委："沪战发生，文学，文丛，中流，译文等四刊物暂时不能出版。四社同人当此非常时期，思竭绵薄，为我前方忠勇之将士，后方义愤之民众，奋起秃笔，呐喊助威，爰集群力，合组此小小刊物。"经费自筹，咸尽义务。巴金、萧乾、王统照、靳以、黎烈文、黄源、胡风、茅盾、郑振铎等作家都有文章发表。《呐喊》出版两期后即遭查禁。9月5日，改为《烽火》出版，署编辑人茅盾，发行人巴金。1938年移至广州，10月11日停刊。《呐喊》是全面抗战爆发后最早出现的刊物。

1938年3月27日，中华全国文艺界抗敌协会（简

《吶喊》

《烽火》

称“文协”）在武汉成立。持不同文学和政治立场的各派作家捐弃前嫌，携手并肩，投身抗日救亡的滚滚洪流。老舍被推举为总务部主任，负责主持“文协”的日常工作。同年5月4日，会刊《抗战文艺》创刊。《创刊词》写道：“在震天动地的抗战的炮火声中，必须有着和万万千千的武装健儿一起举起了大步的广大的文艺的队伍；笔的行列应该配布于枪的行列，浩浩荡荡地奔赴前敌而去！”1946年5月4日出至第十卷第六期停刊，《抗战文艺》坚持八年之久。

《抗战文艺》

《文艺阵地》

1938年4月创刊的《文艺阵地》是抗战期间的名刊。茅盾编辑，楼适夷协助。后茅盾远赴新疆，编辑工作由楼适夷承担。杂志编印辗转香港、上海。1941年1月复刊于重庆，以群、孔罗荪先后负责编辑，1942年11月第七卷第四期终刊。抗战文学作品的丰收与抗战文艺理论的建设，决定了《文艺阵地》中心刊物的定位，使之成为抗战文学期刊的一面旗帜。

1937年至1945年，战时中国仅中文报刊就出版了六千余种。（丁守和等：《抗战时期期刊介绍》）它

《文艺新地》

《中原》

《抗战艺术》

《黄河》

《民族诗坛》

《学术杂志》

们不仅是宣传的工具，而且是寻常百姓不可或缺的文化用品，成为坚持抗战的精神动力。封面多用木刻，质朴大方，具有“战争烙印”。

抗战文学的大背景中，沦陷区文学也是一个不应忽视的内容。1937 年至 1945 年，沦陷区出版的“文学刊物（包括以文学为主的综合性杂志）在一百五十种以上”（徐迺翔等：《中国抗战时期沦陷区文学史》）。上海在沦陷之后的三年多时间，就有六十多种文学刊物出版。论者曾以三种刊物作为代表。1942 年 3 月创

《古今》

《杂志》

刊的《古今》多次刊出汪伪要人的文字，“导致其政治上的尴尬处境，于是它走上了‘偏于古而忽于今’的回避现实的高蹈之路”。1942年8月出版的《杂志》，是中共地下组织奉命打入敌伪内部筹办的刊物。“双重身份迫使它采取‘中立’姿态，借助此种伪装，《杂志》成功地实现了它的文化使命。”稍早一点，创刊于1941年7月的《万象》，兼容通俗文学和新文学，“兼顾‘趣味’与‘意义’，奏出了旧调新声的交响乐章”（李相银：《上海沦陷时期文学期刊研究》）。

《文艺复兴》之一

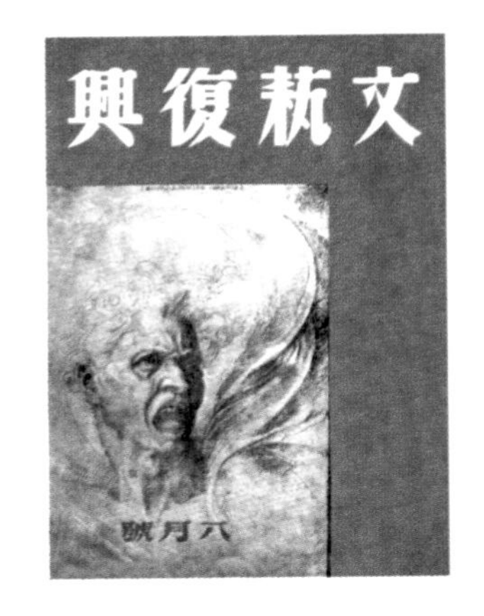

《文艺复兴》之二

日本投降后，上海方面出版的大型文艺刊物是《文艺复兴》。1946 年 1 月 10 日创刊，郑振铎、李健吾编辑。1947 年 11 月 1 日第四卷第二期出版后停刊。这份杂志是中国当时唯一的大型刊物。首发钱锺书的长篇小说《围城》，已可见编者慧眼。杂志的封面画都是西方名作。晚年李健吾回忆选择这些画作的“别有用心”：“封面是我设计的。第一卷是国共谈判时期，我选的是欧洲文艺复兴时期米开朗基罗的《黎明》，意味着胜利了，人醒了，事业有前途了。第二卷是米开朗基罗的《愤怒》，意味国共谈判破裂

《文艺复兴》之三

《诗创造（饥饿的银河）》

《中国新诗》

了，内战又要开始了，流离失所的人民又要辗转沟壑了，因而人民怨恨之声，无可达于天庭。第三卷选的是西班牙著名画家高讶的《真理睡眠，妖异出世》，意味当时上海、国统区民不聊生，走投无路，一片黑暗的境界。封面的针对性是强烈的。”（《关于〈文艺复兴〉》）第四卷选了达·芬奇的《手》，未见编者的解说。

20世纪40年代末，年轻的诗人兼画家曹辛之为《诗创造》和《中国新诗》等期刊和书籍设计的封面，明丽而清朗，蕴含书卷味和诗意美。一颗新星，引人瞩目。

解放区的文学期刊

从全面抗战爆发至20世纪40年代末，解放区的文学期刊是又一道风景。

1938年10月16日，《文艺突击》在延安创刊。初为半月刊，后改为月刊。陕甘宁边区文化界救亡协会所属文艺突击社编辑。中华全国文艺界抗敌协会延安分会成立后，《文艺突击》改为协会会刊。1939年6月25日终刊。创刊号有“纪念鲁迅先生逝世二周年”的专辑。1941年2月25日在延安创刊《中国文艺》，中华全国文艺界抗敌协会延安分会编辑出版，周扬主编，一本创作、评论、翻译并重的大型文艺刊物。这两本杂志均为毛泽东题签。《文艺突击》出了六期，《中国文艺》仅出一期。

1939年2月创刊的《文艺战线》，是抗战时期共

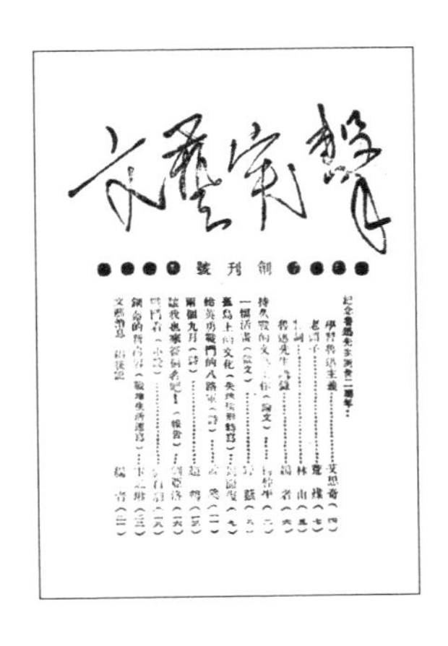

《文艺突击》

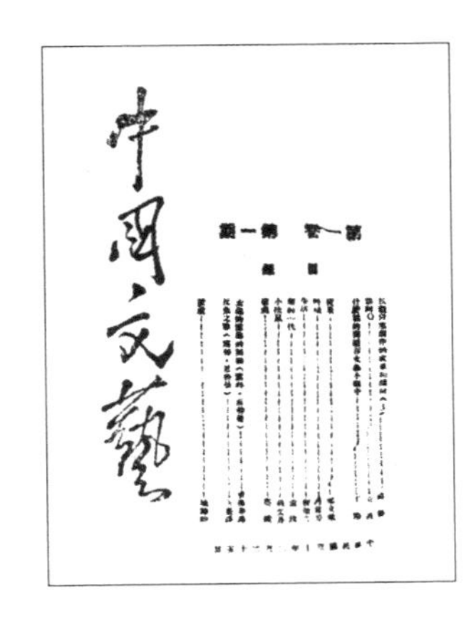

《中国文艺》

产党在国民党统治区出版的唯一文学期刊。周扬主编。每期稿子由周扬从延安寄给在重庆的夏衍、冯乃超，再由沙汀整理，安排付印。延安的编辑工作由严文井负责。创刊号上周扬的《我们的态度》，阐述了中共在文艺界统一战线、文艺创作对作家的要求等问题上的基本态度。杂志维持了一年，1940 年 2 月终刊。

抗战胜利，中国形势发生了急剧的变化。

1946 年 7 月，《长城》在塞外山城张家口创刊。中华全国文艺界抗敌协会张家口分会编辑，编委会由

《长城》

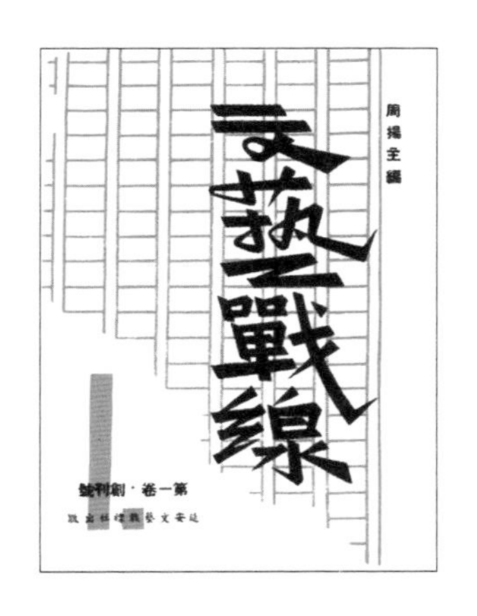

《文艺战线》

《北方文化》

丁玲、艾青、康濯、萧三等人组成。同年8月终刊。内战的烽火已经燃起，康濯在《把握战斗的主题》一文中道出了当年的形势和要求：从事创作的，“要到火热的斗争中去！到打仗的前线，到农民斗争的前线去！到那里去战斗，去写，去演唱，去绘制直接激励战斗力量的诗篇”。

《长城》出版前后，张如心主编的《北方文化》（1946年3月在张家口创刊，同年8月终刊）、陈荒煤主编的《北方杂志》（1946年6月在邯郸创刊，1947年3月终刊）、

《北方杂志》

《群众文艺》

吴伯箫主编的《东北文化》（1946年10月在佳木斯创刊，1947年2月终刊）等一批刊物出版。战争时期，刊期都短，最长的也不足一年。

1948年下半年，胜负大局已定，又有一批刊物在隆隆的炮火之中诞生。《群众文艺》（1948年6月在内蒙古赤峰出版，终刊不详）、周立波主编的《文学战线》（1948年7月创刊，先后在哈尔滨、沈阳出版，1949年7月终刊）、欧阳山主编的《华北文艺》（1948年12月创刊，先后在石家庄、北平出版，1949年7月终刊）、

《文学战线》

《华北文艺》

《生活文艺》

《文艺劳动》

《文艺劳动》画页之一

《文艺劳动》画页之二

《生活文艺》（1949 年 4 月创刊，在天津出版，同年 7 月终刊）等。这些刊物终刊的时间都在 1949 年 10 月 1 日之前，新中国已经在望，未来的文学期刊也会有新的蓝图了。

延安文艺座谈会之后，文艺为政治服务的观念在新的历史条件下得到进一步地强化和发展，从而把文艺推向了为党在各个时期内所规定的“革命任务”服务的轨道。《华北文艺》明确刊物要更多更好地反映人民解放战争，反映土地改革，反映生产建设。《生活文艺》

创刊号《我们的希望》宣称，“《生活文艺》应该以描写工人阶级及其他劳动人民为主”。

《文艺突击》和《中国文艺》没有单设的封面，刊名与要目都印在内文的首页。日本帝国主义的侵略和国民党当局的封锁使办刊困难重重。20世纪40年代后期，情况大有改观，刊物不仅有条件加上单独的封面，而且能够双色印刷。封面的设计者，如设计《长城》封面的江丰，设计《华北文艺》封面的蔡若虹、秦兆阳，设计《北方杂志》封面的王曼恬等，大多是美术专科学校出身的画家，后去延安。他们或只用线框装饰，追求单纯明快的风格，或选用剪纸或木刻，突显通俗大众的特色。

解放区木刻刚健朴拙，具有强烈的战斗气氛和浓郁的生活气息，很受欢迎，解放区文学期刊大篇幅地刊载。1949年5月，在已经和平解放的北平出版的《文艺劳动》，小三十二开本，每期都有画页，金波的《渡江第一船》和石鲁的《妯娌竞赛》即为表现解放战争和解放区生活的木刻版画。

鲁迅：拓荒者的劳绩

鲁迅是开拓和倡导中国现代书刊装帧改革的领军人物。

鲁迅重视书刊装帧，关注国内和国外装帧艺术的研究。他主张借鉴东西方文化的精华，一方面“引入世界上灿烂的新作”，另一方面“重提旧时而今日可以利用的遗产”。他确立了书刊装帧的整体理念，认为一本书刊的设计，从封面、插图、开本、版式直到字的大小、标点位置，以及纸张、印刷、装订、价格，如同一件完美艺术品的完成。他“强调书籍装帧是独立的一门绘画艺术，承认它的装饰作用，不必勉强配合书籍的内容”（姜德明：《〈书衣百影〉序》）。鲁迅这一系列精辟的见解，是现代书刊装帧艺术的宝贵遗产。

鲁迅培养了一批现代书刊装帧人才，陶元庆、孙福

《国学季刊》

十字街頭

《十字街头》

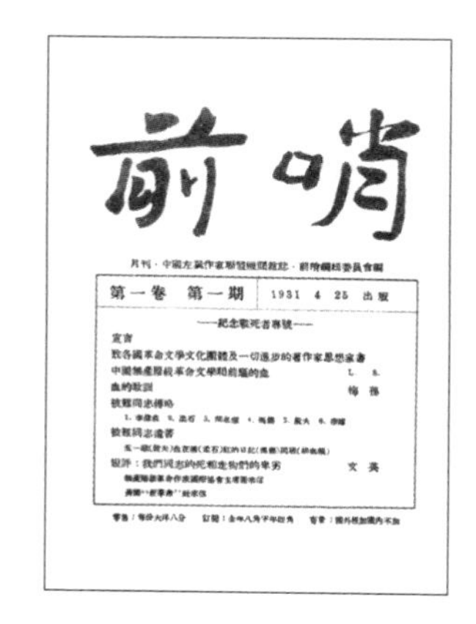
前哨

月刊・中國左翼作家聯盟機關雜誌・前哨編輯委員會編

第一卷 第一期 1931 4 25 出版

——紀念戰死者專號——

宣言

致各國革命文學文化團體及一切進步的著作家思想家書

中國無產階級革命文學和前驅的血 L. S.

血的教訓 梅孫

被難同志傳略

被難同志遺著

我們同志的死和走狗們的卑劣 文英

《前哨》

熙、司徒乔、钱君匋等都是在他扶持下成长起来并取得卓著成就的书刊装帧艺术家。

鲁迅一生喜爱美术，亲力亲为进行书刊装帧的实践。他创作了近七十种封面，为我们展示出缤纷多姿的艺术世界。鲁迅说："汉人石刻，气魄深沉雄大，唐人线画，流动如生。"（1935 年 9 月 9 日致李桦信）他搜集研究中国古籍插图和石刻拓本，又把它们引入书刊装帧。1923 年 1 月创刊的《国学季刊》为北京大学的学术季刊，蔡元培题写刊名。鲁迅选取汉代画像石刻

《文艺研究》

《歌谣纪念增刊》

《海燕》

图案装帧，古意浮漾的封面与内容表里呼应。1923 年岁末，为纪念北京大学二十五周年校庆及《歌谣》周刊创刊一周年出版的《歌谣纪念增刊》，鲁迅画的封面是夜空中的月亮、繁星和浮云。右下是刊名和出版者，反白处理。增刊内附有“月歌集录”，收五十八首以月亮为题材的儿歌，左上角有行草录入的一首：“月亮光光 / 打开城门洗衣裳 / 衣裳洗得白净净 / 明天好去看姑娘。”画面既有古典韵味，又不乏现代气息。“拿来主义”是鲁迅对中外传统文化遗产的一贯主张，既

《朝花旬刊》

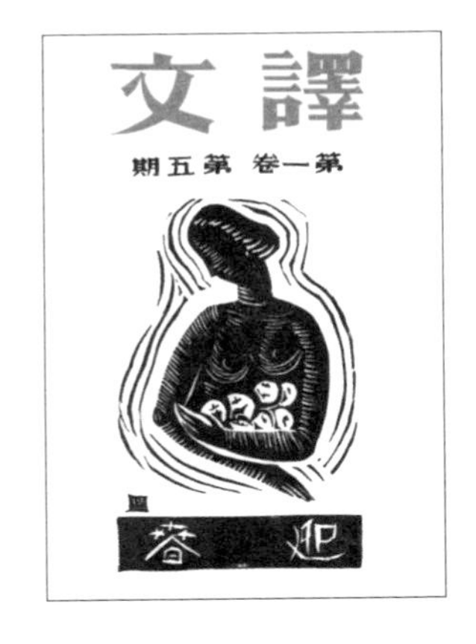

《译文》

不全盘继承，也不一概否定。他的书衣设计在吸收中国优秀文化遗产的同时，也有对异域文化的接纳。《文艺研究》1930 年 2 月创刊，是鲁迅主编的大型文艺理论季刊。例言中申明：“倘是陈言，俱不选入。”封面细线勾画的建筑与粗笔书写的刊名相交映，自有一种“陈言务去”的新鲜。鲁迅将外国插图用作封面的装饰，在现代书籍装帧中具有开创的意义。《朝花旬刊》1928 年 12 月创刊时为周刊，刊名《朝花》，1929 年 6 月改名《朝花旬刊》。封面的画作选用了外国木刻。

《萌芽月刊》

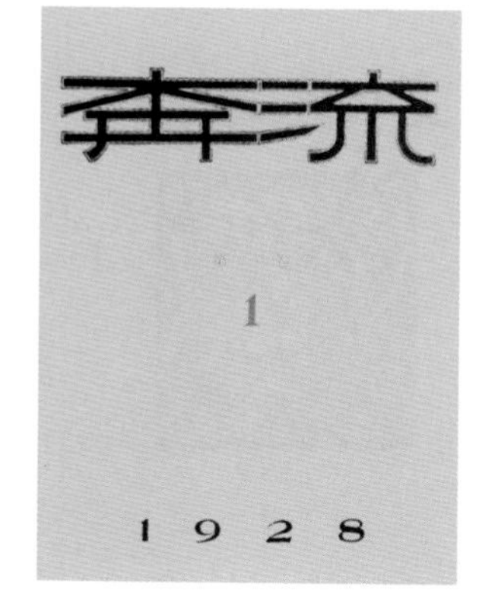

《奔流》

《译文》的封面也用外国木刻装帧，自成风格。

文字构成在鲁迅书刊装帧中占有较大比重，中国汉字尤是一个重要元素。鲁迅的书法，“熔冶篆隶于一炉，听任心腕之交应，朴实而不拘挛，洒脱而有法度，远逾宋唐，直攀魏晋”（郭沫若：《〈鲁迅诗稿〉序》）。他的不少封面是用文字创造的视觉形象来表现寓意，极其简朴而又庄重典雅。鲁迅绘制的美术字刊名别具一格。《奔流》为变体的黑体字，细线勾边，有种流动之感；《萌芽月刊》的美术字每一笔都由宽变尖变细，如破土而出的茁壮的幼芽。

鲁迅参与书刊装帧的历史始于留学日本时期，大多作品完成于定居上海之后。“这一时期鲁迅的艺术理念相对成熟，对外来艺术的容纳吸收以及与中国传统视觉图案的交融运用技巧娴熟，这不仅表现在他对书籍内容与封面风格的认识更加细致，也表现在艺术技巧的不断更新，还表现在对书籍整体设计理念的加强。”（沈珉：《现代性的另一副面孔》）鲁迅一生从理论到实践，为中国现代书刊装帧建立了杰出的功勋。

钱君匋："钱封面"的风范

民国文学期刊的封面设计，钱君匋自是大家。七十年前，作家、藏书家唐弢就已将他列入五四以来书籍设计的"一时之选"（《谈封面画》）。

钱君匋，浙江桐乡人。1923年就读于上海专科师范学校，师从丰子恺。1927年进入开明书店，编辑音乐、美术图书并负责全部书刊的装帧设计。他为《新女性》月刊设计的封面，改变了期刊封面沿袭已久的旧貌，极具创意。新封面四季不同，每季一换：春季，黑色的燕子在柳叶中穿行；夏季，淡绿的蕉叶在细雨中摇曳，蜻蜓伏在叶背；秋季，黄花盛开；冬季，小花怒放。分别以乳黄、湖蓝、深赭、乳灰衬底。简洁的花草、淡雅的色调，诗意地表现了四季意境，把封面艺术的取材推向更广泛的领域，震动了出版界，获得众口一

《新女性》

《小说月报》

词的好评。二十二岁的钱君匋脱颖而出。丰子恺高度评价他的学生：“其所绘书面，风行现代，遍布于各书店的样子窗中，及读者的案头，无不意象巧妙，布置精妥，足使见者停足注目，读者手不释卷。”（《〈钱君匋画例〉缘起》）

从20世纪20年代末开始，钱君匋致力于书籍、期刊装帧的探究。他善书画，精篆刻，长诗文，通音律，造诣深厚，书装艺术逐渐走向成熟。他以山水、植物的简化、变形或几何图形的组合构成装饰性图案，作为设

《微音》

《新时代月刊》

《文学月报》

计的基调；进而交错、配置，挥洒自如，出神入化。作品构图均衡，整体和谐，色彩单纯，清丽沉着。刊名大多手写，宋体字的浑拙朴厚，图案字的灵动飞扬，阿拉伯数字和外文、拼音字母的万千变化，更成为炫目的亮点。钱君匋对于传统文化和外来文化中优秀的视觉元素的变体和改造，形成了自己具有的独立审美价值的装饰语言，构成了无人可以替代的“钱氏风格”：朴实大方、清雅含蓄，具有浓郁的书卷气息。

20 世纪 30 年代，钱君匋精品迭出，脍炙人口。

《文学周报苏俄小说专号》

《文学界》

《文艺阵地》

《文艺月报》

《中流》

《读书月刊》

《文学周报苏俄小说专号》只用红、黑两色，完全靠字体的设计变化取胜，可谓用文字作装帧的经典范本。《文学界》封面居中竖放的大字刊名，手写宋体，端庄醒目；方形花纹的红灰两色与白底和黑字映衬，产生了丰富的色彩效果，充盈着中国风味。《文艺阵地》是抗战时期作家以笔作枪的“阵地”。简化的负枪战士的造型和双枪交叉的图案交错布满整个封面，众志成城的战斗气息扑面而来。《微音》封面上部是黑色反白的刊名，图案字新颖爽目，下部纹样用阿拉伯数

《中学生文艺月刊》

《晨》

《摇篮》

《文学期刊》

字1932反复排列构成，色彩淡雅，沉着而纯净。

《中学生文艺月刊》以立体主义手法描绘了弹吉他者的神态。这样的作品，在钱君匋的期刊装帧中并不多见。

1941年《晨》的封面，白底上大面积的墨绿色凹形色块，色块内对称的花草纹样，全部作反白处理。凹形内的空白处自上而下是期数、刊名和本期要目，凹形上方，标出“述林”“每月文艺画刊”。位置经营，颇具匠心。

钱君匋期刊封面设计的重点在于装饰美化，与期刊内容大多没有关联，更不是内容的具体描摹。他认为，书刊装帧的“民族化和现代化是可以融合在一起的。没有民族化，只有现代化，它就分不出这是出于哪个国家的设计。仅仅民族化，老是在一成不变的古老东西里翻筋斗，也是没有出息的”(《民族特征与时代气息》)。

钱君匋从事书刊装帧七十年，设计封面数千种，赢得了“钱封面”的美誉，创下了书刊装帧的奇迹。

陈之佛：图案家的笔墨

陈之佛，浙江慈溪人。1916年浙江省工业专门学校染织科毕业。1918年东渡日本，成为东京美术学校（后改称东京艺术大学）工艺图案科第一名外国留学生。回国后担任教职。他是中国现代工艺美术理论和工艺美术教育的一代宗师，20世纪中国工笔花鸟画的巨匠，也是书籍装帧艺术家。一生设计的封面约有二百种，主要是期刊。图案家的笔墨为书刊装帧增光添彩。

陈之佛为《东方杂志》设计的封面与这个大型综合性杂志的主旨切合，可谓“世界视野，中国气魄”。论者这样评析：一方面“洋为中用”，“大量运用来自古埃及、古希腊、古波斯、古代印度、古代美洲以及西方文艺复兴直至新古典主义的各种装饰母题、装饰元素与装饰风格，通过中国式的经营布局、版式设

《东方杂志》之一

《东方杂志》之二

计与字体运用，使之转化为中国式、民族化的艺术气质、艺术品格，严谨而不拘束，端庄而不死板，华丽而不艳俗，兼容而不驳杂，充分体现出多变而又统一的视觉形象特征”。另一方面，“熟练运用汉代砖刻、隋唐刺绣、明清雕漆等不同的民族装饰素材，保留鲜明的民族特色”（袁熙旸：《陈之佛书籍装帧艺术新探》）。

革新之后的《小说月报》由陈之佛设计的封面，没有采用《东方杂志》那样古代的历史的装饰语汇，而是以少女、少妇、女神等女性为主体形象。她们或在花

《东方杂志》之三

《东方杂志》之四

《东方杂志》之五

《东方杂志》之六

《小说月报》之一

《小说月报》之二

从草坪遐想，或在山野湖滨漫步，婀娜多姿，明朗健康，生机蓬勃。同时以水彩、水粉、镶嵌、线描等西洋的表现手法处理，或淡雅，或浓重，意趣各有不同。

《现代学生》月刊第一卷的封面设计，陈之佛将相互割裂的图形、文字与装饰，组合进充满形式张力与视觉冲击力的构图与结构之中，取得崭新的效果。

与《东方杂志》《小说月报》《现代学生》相比，陈之佛对《文学》的装帧艺术手法有所不同。创刊号封面的飞驰的火车、奔腾的骏马、高大的厂房、飞转

小說月報
第十八卷 第六號
June 10, 1927
THE SHORT STORY MAGAZINE
Vol. XVIII No. 6

《小说月报》之三

《小说月报》之四

《小说月报》之五

的车轮，显示了他对科学技术发展的吸收和转化。当时，图案家雷圭元就这样描述："动的、高速度的、几何形的、机械的轮廓，整齐而有规律地活动，电气炫目的闪亮，无线电的刺耳的声浪，不知不觉间，这些线和形，汇集在图案家的脑子里了。那商业和工业的竞争，而使图案家的心手跟着也起来呼应着动的、机械的构成，产生了无数的新的线条，新的色彩。"（《近今法兰西图案运动》）

《创作与批评》对直线和圆的机巧构成，《青年界》

《现代学生》之一

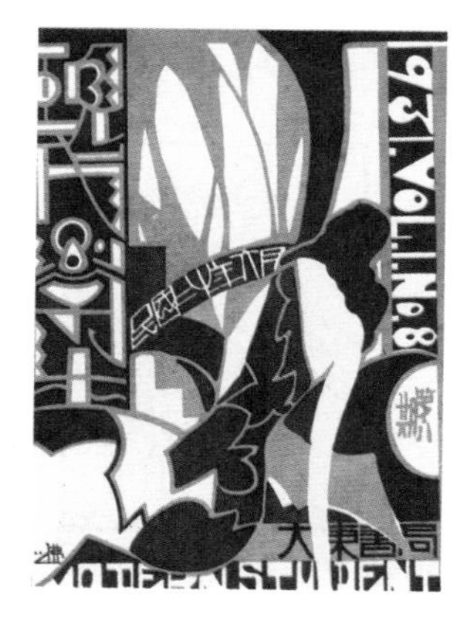

《现代学生》之二

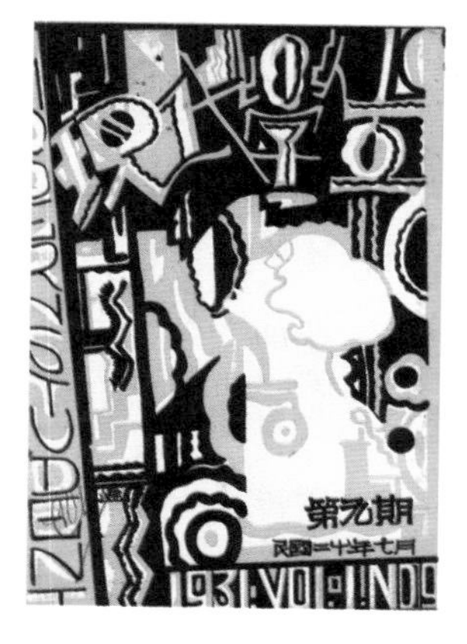

《现代学生》之三

《现代学生》之四

《文学》之一

《文学》之二

对人物的简化和抽象，都令人过目难忘。

陈之佛的装帧艺术手法，或以古代纹饰组合，或以人物为中心，或以几何图案造型，中西并进，巧思迭出。读者从他独出机杼的作品中感受到非凡的艺术魅力。

陈之佛的期刊设计统筹全局，着意于期刊整体形象的一致性与连贯性的营造。期刊封面，有的是一卷中每期更换一个画面、一种形式，或隔几期更换一个画面、一种形式；有的是一卷用同一个画面，或相同的图案格式，保持一种形式，而颜色则期期变化。这一突破

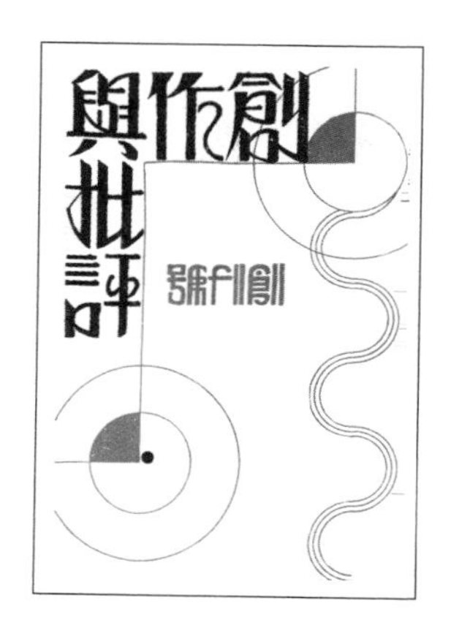

《创作与批评》

《青年界》

和创造，对期刊装帧具有开拓性的意义。他注意细部，即如对内页、目录，也要作不同的装饰设计，追求装饰的美感。

丰子恺：漫画入封第一人

丰子恺，浙江桐乡人。一生成就众多，领域宽广。作为作家和漫画家的丰子恺为人熟知，而作为中国现代书刊装帧史上一位杰出大家的丰子恺却常被忽略。

1922年，丰子恺在浙江上虞春晖中学任教时开始漫画创作。“人间多可警可喜可哂可悲之相，见而有感，辄写留印象。”（《子恺漫画润例》）子恺漫画“不以讽刺、滑稽见长，而是体现出更多的抒情性和诗意”（陈星：《丰子恺漫画研究》）。大都以毛笔绘成，线条简练得书法之妙。丰子恺以漫画装帧新文学书刊封面，风格独异，开创出书刊装帧艺术的新局面。

《我们的七月》1924年7月出版，俞平伯编辑。《我们的六月》朱自清编辑，1925年6月出版。《夏》和《绿荫》两幅漫画分别为两本丛刊的封面。前者，草丛、田野、

《我们的七月》

《我们的六月》

飘动的柳枝、雨后的彩虹，全部用天蓝的颜色画出；后者，芭蕉、浓荫下正在阅读的赤背少年，所有物象都是在绿色底色上反白而成。全用写意笔墨，简朴凝练，自然潇洒，漫味十足。单一的冷色，使读者仿佛感到炎炎夏日里清风徐来的愉悦。毛笔书写的刊名和时间，反白放在封面的底部。

俞平伯说：子恺的漫画，“其妙正在随意挥洒，譬如青天行白云，卷舒自如，不求工巧，而工巧自在”（《以〈漫画〉初刊与子恺书》）。读书的少男少女，

《中学生》

《宇宙风》之一

秋光中的扫叶女郎，田头畅饮的农夫，茶园品茶的民众，无论是儿童百态、下层人物，还是乡土风物、世俗生活，每一幅都是一片含蓄着人间情味的落英，率真而坦诚。

子恺漫画着意描绘社会上的美丽，但是一个有良知的艺术家不会对社会的黑暗视而不见。他说：“我想，佛菩萨的说法，有‘显正’和‘斥妄’两途。西谚曰：‘漫画以笑语叱咤人间’，我为何专写光明方面的美景，而不写黑暗方面的丑态呢……于是我就当面细看社会上的苦痛相、悲惨相、丑恶相、残酷相，而为他们写照。”

《论语》

《自由谈》

（《漫画创作二十年》）

20 世纪三四十年代，子恺的期刊封面漫画跳动着民族存亡的时代脉息。

《东方杂志》第三十卷第一期的封面画是一个小男孩在洗刷地球仪上的中国。孩子愁眉紧锁，毫无欢愉。这期杂志出版于 1933 年 1 月 1 日，此时“九一八”事变已经发生一年多的时间，东北陷落，外患日急，国难当头，情何以堪？《盲人瞎马临深渊》刊于 1937 年元旦出版的《谈风》第六期封面，画家警示人们新的一

《东方杂志》

《谈风》

年处境艰险。事态发展确是如此，日寇步步进逼，“七七”北平枪声，“八一三”上海炮火，全面抗战爆发，书写了中国历史最悲壮的一页。1934年，丰子恺曾有散文《肉腿》，写故乡农人车水，“人与自然的剧烈的抗争”，“不抗争而活是羞耻的，不抗争而死是怯弱的；抗争而活是光荣的，抗争而死也是甘心的”。1938年，第七十四期《宇宙风》的封面《战苦军犹乐，功高将不骄》，即画家对奋战血雨刀山的抗日将士的致敬之作。

1937年，丰子恺携家人离开上海，迁徙流离，直

《宇宙风》之二

《宇宙风》之三

《宇宙风》之四

《宇宙风》之五

到抗战胜利返乡。1947年6月，画家去杭州探望故里，老马识途，当年沽酒的店铺依然。刊于《宇宙风》第一百五十一期的《玉骢惯识西湖路，骄嘶过沽酒楼前》，道出了游子的共同情怀。

丰子恺喜欢晚酌。他说，胜利前夕，“晚酌中眼看东京的大轰炸，墨索里尼的被杀，德国的败亡，独山的收复”，直到日本无条件投降。而1947年，“现在晚酌的下酒物，不是物价狂涨，便是盗贼蜂起，不是贪污舞弊，便是横暴压迫”（《沙坪的美酒》）。《东风吹上还吹落，不似人间物价高》，《宇宙风》第一百五十期封面的这幅画，正是对现实的讥讽，淡淡的笔墨里是沉重的忧伤。

张光宇：开创一代装饰风

张光宇，江苏无锡人。家乡的泥人、剪纸、版画、绣染等民间艺术，引发了少年张光宇的学习兴趣。他十四岁到上海，先在新舞台学画布景，受到中国传统文化的孕育；后在南洋兄弟烟草公司绘制月份牌、香烟画片和广告，又打下了扎实的西画写实功底。独特的经历使他的艺术涉猎全面，内容宽广，成为迥异于学院派的艺术家。他开创了中国装饰艺术学派，成为一代装饰艺术大师。张仃说，张光宇风格就是装饰风格。

1931年1月在上海创刊的《诗刊》，季刊，徐志摩、邵洵美编辑。1932年7月终刊，共出四期，封面均出自张光宇之手。第一期封面是一名裸女端坐，左边是一侧面头像，上端是只夜莺，乳黄底色一片静雅。夜莺啼声婉转，在欧美国家常被作为诗歌的化身。徐

《诗刊》之一

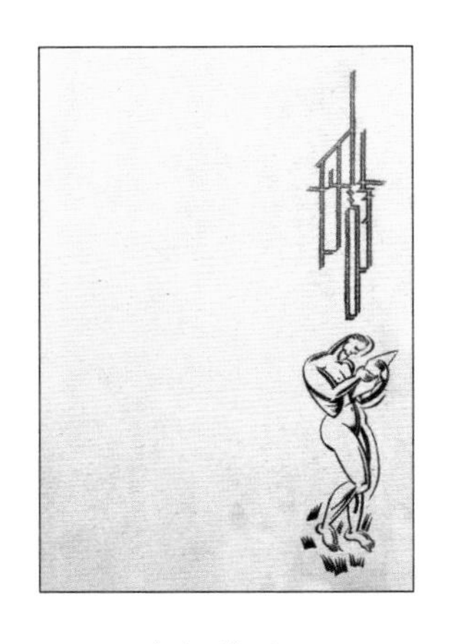

《诗刊》之二

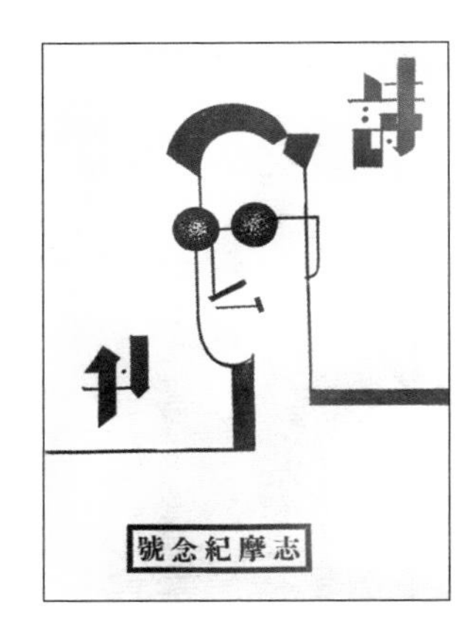

《诗刊》之三

志摩说：“我只要你们记得有一种天教歌唱的鸟不到呕血不住口，它的歌里有它独自知道的别一个世界的愉快，也有它独自知道的悲哀与伤痛的鲜明；诗人也是一种痴鸟，他把他的柔软的心窝紧抵着蔷薇的花刺，口里不住的唱着星月的光辉与人类的希望，非到他的心血滴出来把白花染成大红他不住口。他的痛苦与快乐是浑成的一片。”（《〈猛虎集〉序文》）徐志摩比喻诗人的“不到呕血不住口”的鸟，呼应了创刊号上这只正在歌唱的夜莺。第二期和第三期封面基本相同，

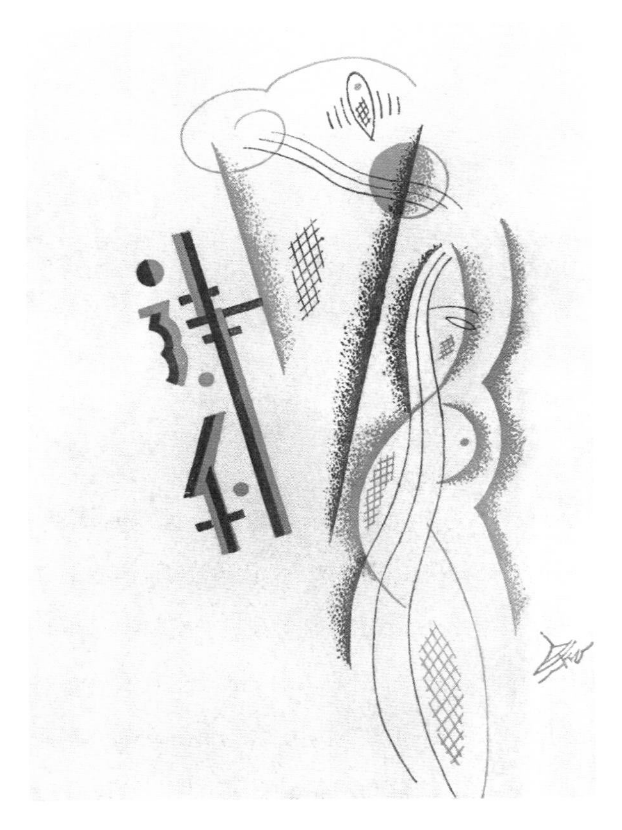

《诗刊》之四（张正宇）

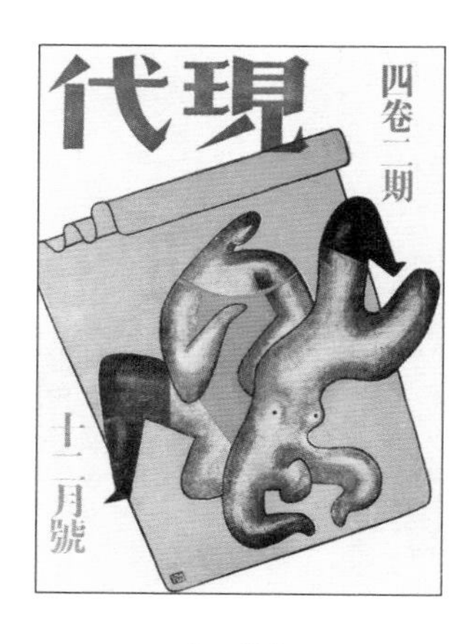

《现代》

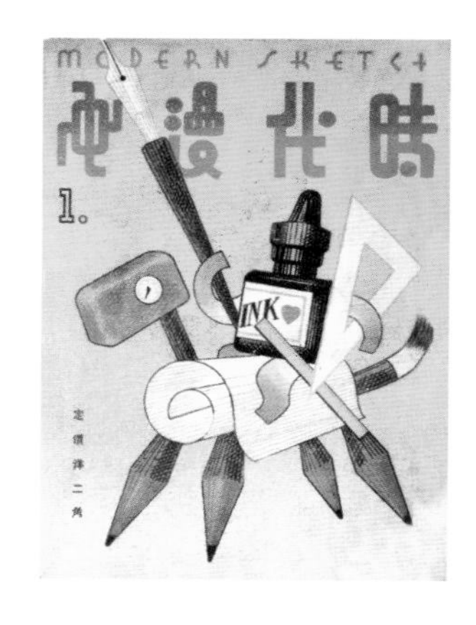

《时代漫画》

张光宇只画了一个裸体男子正聚精会神地阅读手中的报刊。男子身材高挑，肌腱饱满，壮硕健美。他的上方“诗刊”两个美术字的造型就像古典式的吊灯。图和字全部集中在封面的右边，左边大面积的留白，如一首好诗，余味悠长。1931 年 11 月 19 日，徐志摩因飞机失事遇难。第四期《诗刊》延迟到次年 7 月才出版。封面白色铺底，刊名、徐志摩漫画像及“志摩纪念号”均为黑色，三者的设置具有很强的装饰意味。黑与白突出了哀伤痛悼的主题。漫画像笔墨简洁，极为传神。

《万象》之一

《万象》之二

《万象》之三

《泼克》

《十日谈》

《人世间》

旧时杂志，一期售罄还可重印，封面也可以调换。《诗刊》第一期还有另一种封面，没有人像，也没有夜莺，素白底色上只有刊名和裸女。线条挺拔圆润，人物极富美感，暗红色和蓝色为画面增添了暖意。设计者漫画家张正宇，张光宇的二弟，右下角的签名可证。两幅画面有别，但融入现代感的装饰风格却毫无二致。

《现代》第四卷第二期的封面是两个互相倒立的人体，构图别致，具有现代风格。《时代漫画》以“文房四宝”组成的骑士形象作封面，寓意漫画家肩负着

《心声》

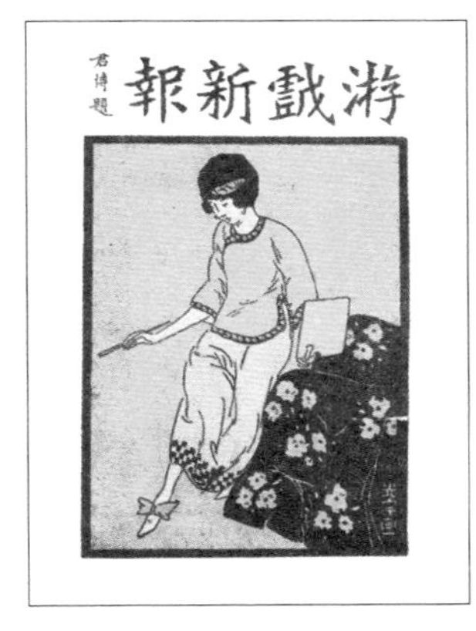

《游戏新报》

时代的使命冲锋陷阵。

1933年出版的《十日谈》，封面漫画不少出自张光宇之手。《膝下图》活画出日寇卵翼下儿皇帝溥仪的媚骨丑态。

《万象》是1934年创刊的综合期刊，主编张光宇。创刊号《编者随笔》中表示：“我们虽然着重形式，但是我们的形式是基于一个充实的内容。我们虽然耽于新奇，但是我们决不流于庸俗。”这一认识体现在他的封面设计之中，《森罗万象》是树和几何图形的组合，有种抽象的怪异；《科学与理想》中恐龙与智能人的对话，生发出神秘之感；《虫鱼鸟兽图》里金鱼、耕牛、小兔选用民间染色图案，表现了具象的欢快。

《人世间》1944 年的革新号封面，一男一女两位青年，青春焕发，神态严肃，瞩目前方，背景为大海蓝天。浓厚的装饰风味的人物形象，正是张光宇的独具风姿。

《心声》和《游戏新报》的封面画色彩素雅，是张光宇 20 世纪 20 年代初期的作品。

张光宇说："装饰构图就是不受自然景象的限制而服从于视觉的快感，突破平凡的樊笼，一种向上的或者飞升的能鼓起崇高超拔精神的艺术形态。"（黄丹宁：《从自然形态到艺术形式》）驾驭如椽画笔，他吸收民间文化传统朴拙的造型、大胆的色调和对称而有变化的图案，彰显了淳厚的中国情味；直面欧风美雨，又采纳外来艺术，充满了现代气息和开放色彩，笔墨逸趣中自有万千气象。"他的许多作品数十年后重新来看，非但不古旧，反倒新颖、时髦，能与先进科技和进步思潮相同步。"（邹文：《张光宇的当代意义》）

叶灵凤：唯美主义的形式风格

著名作家叶灵凤也是一位书刊装帧的大家。

叶灵凤，江苏南京人。自小对绘画情有独钟，1924年到上海美术专科学校学习，后入创造社出版部。1925年《洪水》半月刊的封面为叶灵凤的处女作。画面白色铺底，红色刊名，上方是一只展开双翅的鹰和一条蛇构成的图案，鹰的胸前佩一把长剑；下方是滔滔洪水、狰狞凶神。一个撕破了的假面具置于左下角。奇诡恣肆、犹如幻境的画面有着比亚兹莱的元素。标新立异的设计，让叶灵凤声名鹊起。

比亚兹莱（Beardsley，1872—1898），英国唯美主义画家，文艺季刊《黄面志》（*The Yellow Book*）的美术编辑。生命短促，只活了二十六岁，却给世人留下了几百幅画作。作品装饰趣味浓重，构图完美平衡，

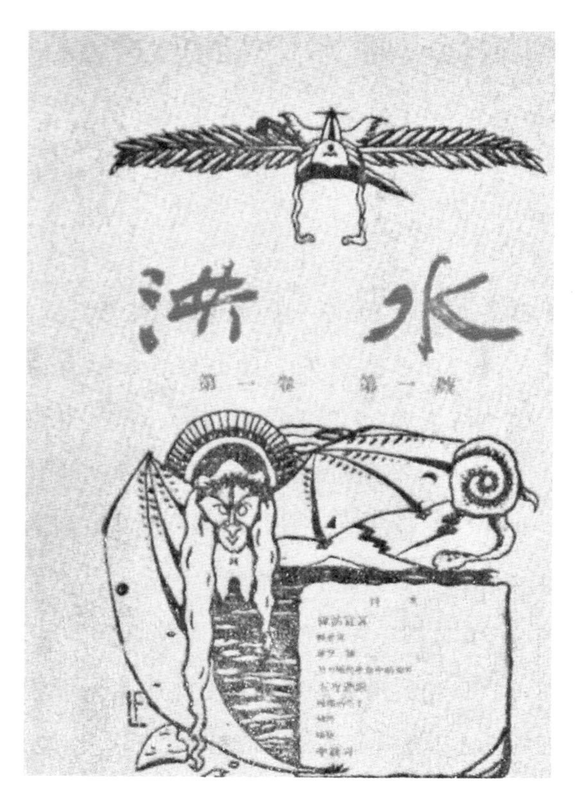

《洪水》

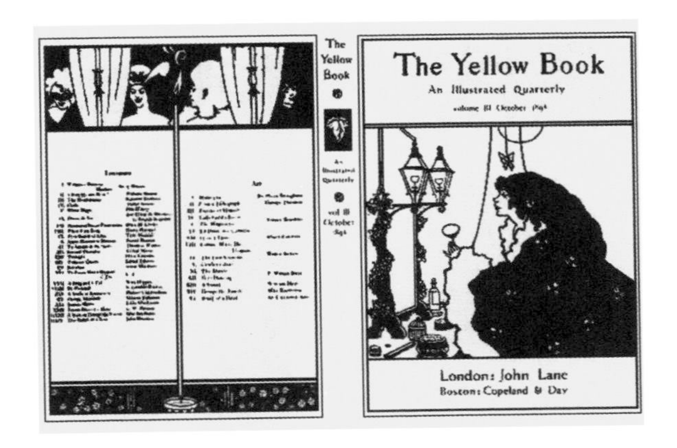

《黄面志》

黑白对比强烈，线条繁丽精致，在欧洲享有盛名。

1923年，剧作家田汉翻译的王尔德的《莎乐美》出版。书中比亚兹莱异怪而又华丽的画作，让中国读者大开眼界。这是比亚兹莱在中国最早的亮相，中国文艺界对比亚兹莱好评如潮。郁达夫称比亚兹莱为“天才画家”“空前绝后”。梁实秋甚至说：“把玩璧氏（比亚兹莱——引者）的图画可以使人片刻的神经麻木，想入非非，可使澄潭止水，顿起波纹，可使心情余烬，死灰复燃。”（《题璧尔德斯莱的图画》）1929年，鲁迅选编出版了《比亚兹莱画选》，

《创造月刊》

《戈壁》

赞扬比亚兹莱："没有一个艺术家，作黑白画的艺术家，获得比他更为普遍的名誉；也没有一个艺术家影响现代艺术如他这样的广阔。"（《〈比亚兹莱画选〉小引》）叶灵凤醉心于比亚兹莱。他说："我一向就喜欢比亚斯莱的画。当我还是美术学校学生的时候，我就爱上了他的画。不仅爱好，而且还动手模仿起来，画过许多比亚斯莱风的装饰画和插画。"（《比亚斯莱的画》）

20 世纪 20 年代中期至 30 年代末，叶灵凤编辑过众多期刊。《洪水》之后，1926 年 3 月，参与《创造

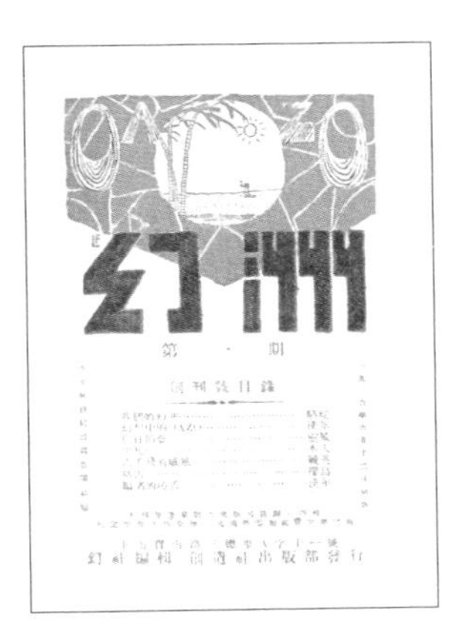

《幻洲》之一

《幻洲》之二

《幻洲》之三

《幻洲》之四

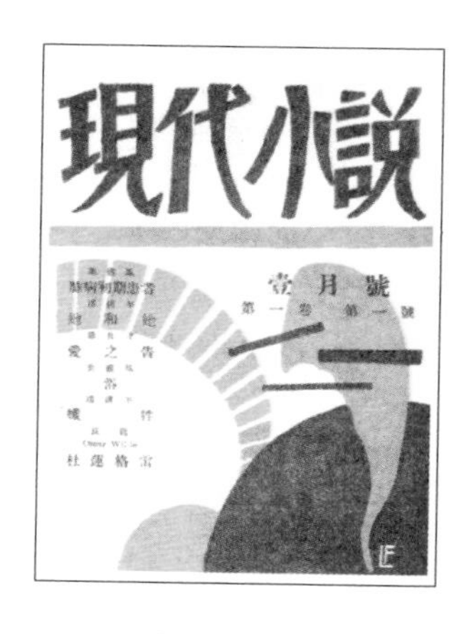

《现代小说》

《现代文艺》

月刊》的创办；1926 年 10 月，与潘汉年创办《幻洲》半月刊（此前，创造社的小伙计们曾创办《幻洲》周刊，仅出版两期）；1928 年 1 月，创办《现代小说》；1928 年 5 月，创刊《戈壁》；1929 年 1 月，与周全平、潘汉年合编《小物件》；1931 年 4 月，创办《现代文艺》；1934 年 4 月，参与《现代》的编辑；1934 年 10 月，与穆时英合编《文艺画报》创刊；1936 年 2 月，《六艺》创刊，为编辑人之一。1937 年 7 月，全面抗战开始。8 月，《救亡日报》创刊，叶灵凤出任编辑委员会

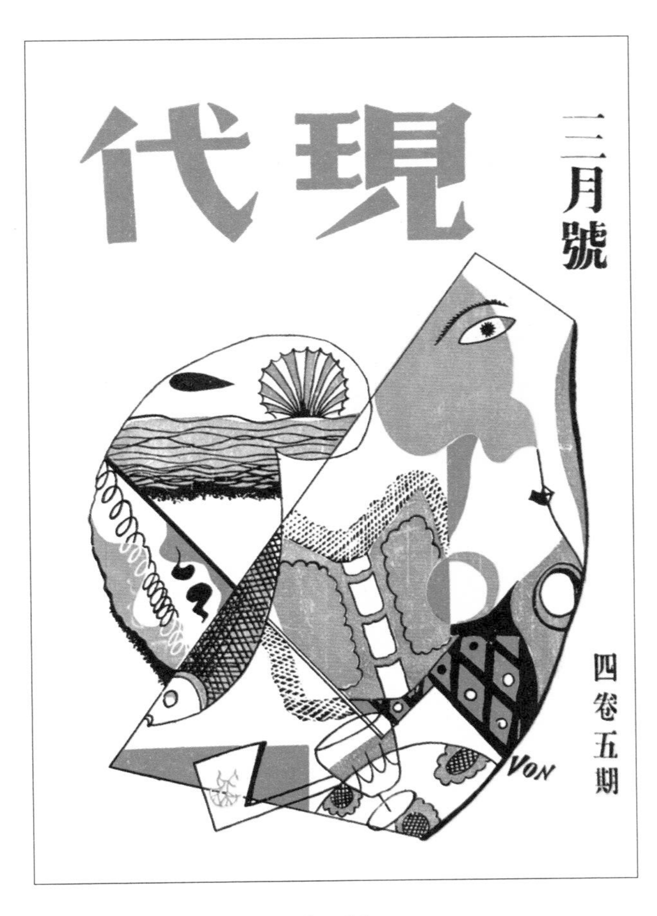

《现代》

《北新》

《文艺画报》

成员。十年时间，仅是编辑的期刊就有十余种之多。叶灵凤出于对美术的偏爱和熟悉，凡是他编辑的期刊，既编辑来稿、撰写文章，又设计封面、装帧版式、制作插图。叶灵凤的封面设计，抽象的适度变形的形象，浓重的装饰意味，红、绿、黑、黄等原色的运用，大的美术字书写的刊名，新潮大胆，散发着狂野气息，带有浓郁的唯美主义的形式风格。

群星璀璨的名家

20世纪30年代，文学期刊装帧的浩瀚天宇，名家辈出，群星璀璨。

陶元庆是中国现代书刊装帧史上的大家，留下不少堪称绝品的书装佳构，但期刊封面仅有几张，《白露》为其中之一。画家这样解说："一位女神，在眉月的光下，银色的波上，断续地吹着凤箫。那一树尊贵的花听得格外精神起来。"（钱君匋：《陶元庆论》）画的线条书法化，仿佛是赵孟頫的行书，遒劲而秀媚。

司徒乔，一位"抱着明丽之心的作者"（鲁迅：《看司徒乔君的画》），20年代为《莽原》《未名》等设计的封面，留下了灿烂的篇章。《莽原》第一卷：一片乱草丛生的荒凉原野，太阳刚刚升起，一棵小树挺拔地立在地面上，生机盎然，充满希望。画家大笔挥洒，

《白露》（陶元庆）

《莽原》（司徒乔）

不求具象的真切刻画，线条粗豪雄健，凸显了“狂飙”风格。

诗人和学者闻一多从清华学校毕业赴美留学，就读的是美术学院，主攻绘画。虽然后来进入的是书斋而非画室，但他的书装设计也足以独领风骚。1928年的《新月》创刊号，天蓝色的封面，上部居中贴一块黄色签条。黄纸上印细线边框，框内横书宋楷“新月”二字。方开本的形式为以后上海方型杂志的先声。

1927年创刊的《贡献》，主编孙伏园和他的弟弟

《新月》（闻一多）

《艺风》（孙福熙）

孙福熙都曾留学法国。刘既漂的《嘤嘤》、雷圭元的《独奏》，就是他们的朋友为《贡献》留下的封面佳品。艺术家们立足中西文化，力图在借鉴中有所更新。

《艺风》的封面出自孙福熙之手，孙伏园评论孙福熙的画风：画面“少用极大的篇幅，少用猛烈和幽暗的色彩，少用粗野与凶辣的笔触”，表现的只是“温和的，娇嫩的，古典的空气”。

《学文》与《文学杂志》的封面都是女作家林徽因的作品。前者以汉碑图案为素材，大面积留白，古朴庄

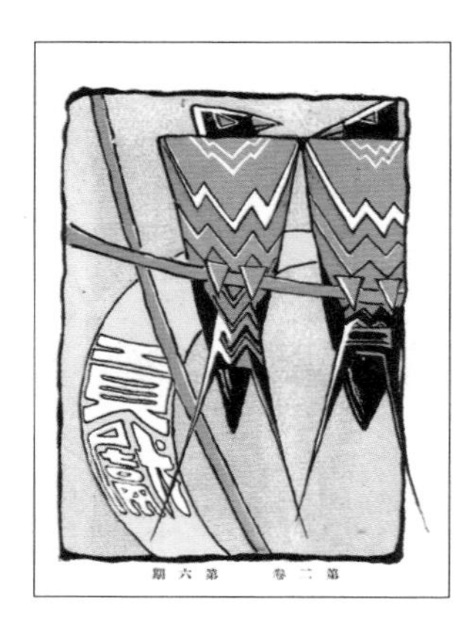

《贡献》（刘既漂）

《贡献》（雷圭元）

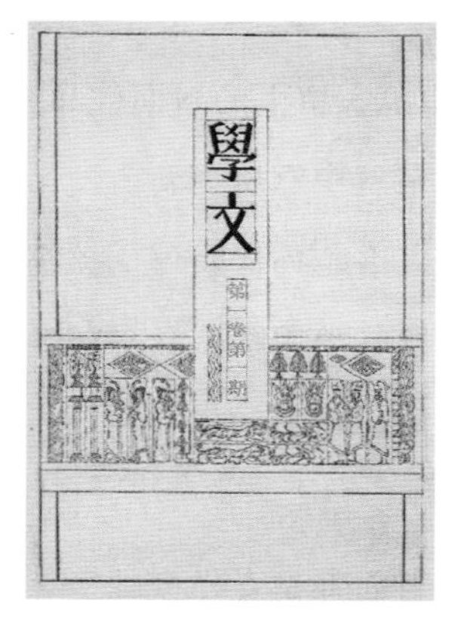

《学文》（林徽因）

《文学杂志》（林徽因）

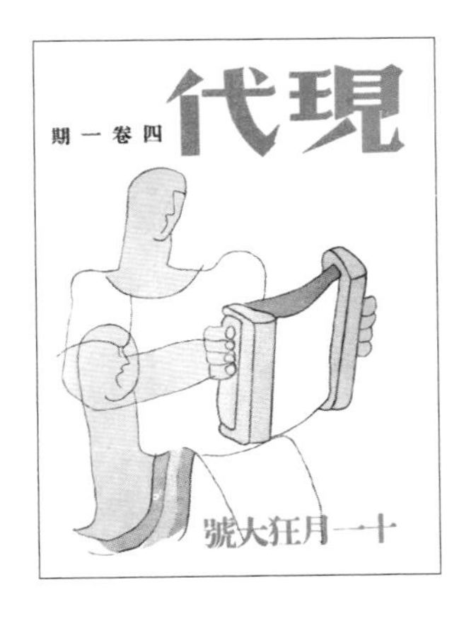

《现代》（庞薰琹）

《现代》（郭建英）

重又清素淡雅。后者同样摒除了艳丽的色调，大方清新。“双鱼抱笔”图中的双鱼，在东西方皆有吉祥的寓意。两帧封面，异曲同工，从中可读出新派文人“自由生发，自由讨论”的编刊理念。

《现代》第四卷第一期封面设计者庞薰琹，也是放洋归来的画家，是20世纪30年代中国现代绘画的主将。画面由他的油画《拉手风琴的水手》——一幅颇受法国画家莱热影响的立体主义绘画——提炼而成。线条简洁，色调明快，有着抽象意味。庞薰琹让一位拉手风

《文艺月刊》(蒋兆和)

《泰东月刊》(朱觯典)

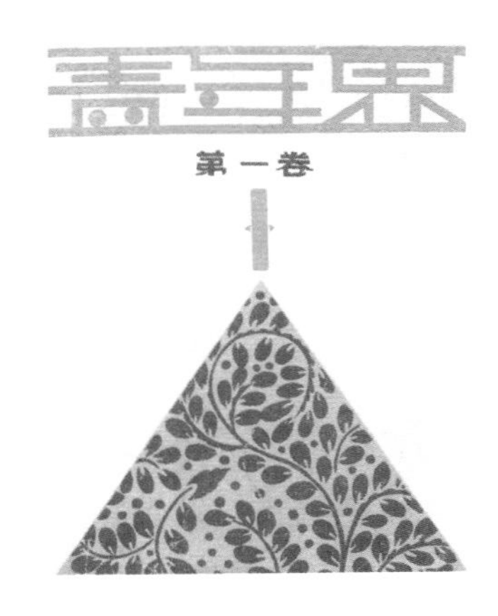

《青年界》(郑慎斋)

琴的男士，传达出《现代》所追求的时代的全新的文学。

郭建英最为擅长的是摹绘30年代“十里洋场”女性的众生相。第四卷第四期《现代》的封面女郎即是一例。简练、优美的线条，使得笔下人物风情万种，活色生香。论者称誉郭建英是“摩登上海的线条板”(陈子善：《摩登上海》)。

《文艺月刊》1930年在南京创刊。创刊号封面的设计者是年轻画家蒋兆和，从画面中可明显看出欧洲新艺术运动风格的烙印。徐悲鸿对蒋兆和在西洋画上

《人世间》（丁聪）

《诗与散文》（廖冰兄）

显示的才气颇为欣赏。蒋兆和把西洋绘画的坚实的造型手段渗透在水墨人物画创作的线条节奏之中，自成一家。

朱穌典长期担任中华书局的音乐编辑，也是书装设计的名家。20 世纪 20 年代末，他为《泰东月刊》绘制的系列封面，多以舞蹈的裸女为主要人物，舞姿奔放，情感炽热。红色，如跃动的火焰，强化了活力四射的青春风采。

郑慎斋的书装设计在 30 年代比较活跃，但期刊封

《刀与笔》（章西厓）

《礼拜六》（丁悚）

《香艳杂志》（丁悚）

面很少，《青年界》上部横穿封面的刊名，刊名下的期数与下部的三角形构成一个稳定的组合。犹如山一样的块面内是细密花纹，简洁规整但不拥塞。

《刀与笔》创刊于抗战烽火燃起的1939年。章西厓没有直接表现血与火的拼搏，而只是画了一女二男三位青年手持钢枪的英姿。章西厓的画，线条圆润轻灵，具有阴柔之美。

漫画家丁聪也是将漫画用于书刊封面的大家。1947年的《人世间》杂志，封面白色为底，上部为刊

《女子世界》（丁悚）

《游戏杂志》（丁悚）

《万岁》（丁悚）

《真话》（丁悚）

名和期数，下部为一幅漫画。乱世悲愁，凝于画家笔端。每期格局不变，区别在于画面不同，颜色调换。

廖冰兄在20世纪40年代的漫画素以粗犷凌厉为特色，书刊装帧却是另一副笔墨。《诗与散文》封面主体是一位正在播撒种子的少女，长发赤足，质朴无华，一派天然。绿蓝两色与白色的底色映衬，让人联想到碧野、蓝天、白云。

从30年代回溯，丁聪的父亲丁悚在清末民初已闻名于海上画坛。他是中国漫画界的元老，也是封面画的大家。鸳鸯蝴蝶派刊物的很多封面都出自丁悚手笔。滑稽画的调侃讥讽，仕女图的俊美可人，都受到读者青睐。与1914年《礼拜六》封面的言情相比，1932年《万岁》封面女郎的装帧风格已在向新文学刊物靠拢，1946年《真话》封面描绘的百姓疾苦更与社会现实贴近，显示了画家从思想到艺术创作与时俱进的可贵努力。

民初期刊插图的格调

文学期刊装帧的闪光亮点是插图。

插图，指附在书刊中的画，对正文内容起形象的补充说明或艺术欣赏作用，也称插画、插绘。广义的插图，不仅指根据正文内容绘制的图画，也包括封面、独立的不是配合正文绘制的美术作品等。

中国书籍之文图并茂，源远流长。陈老莲画的《水浒叶子》和《西厢记》凸现了插图的美感，为插图的传世之作。郑振铎在《中国历史参考图谱跋》中说："书籍中的插图，并不是装饰品，而是有其重要意义的。不必说地理、医药、工程等书，非图不明，就是文学、历史等书，图与文也是如鸟之双翼，互相辅助的。"

清末民初，图像叙述已成为报刊叙述的重要方式。吴友如《点石斋画报》的绘画，"一改中国传统绘画讲

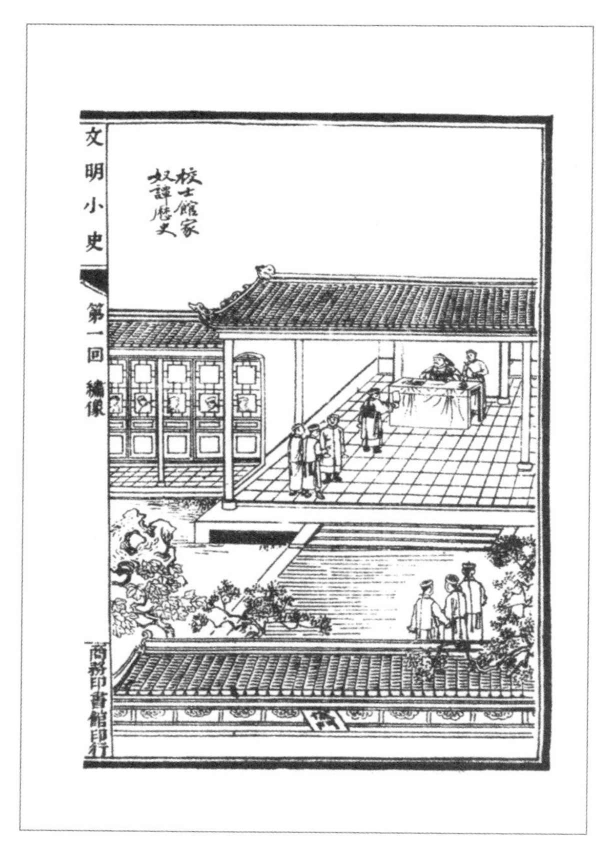

《绣像小说》之《文明小史》插图

《小说画报》之《新酒痕》插图之一

《小说画报》之《新酒痕》插图之二

究笔墨、崇尚写意抒情的既定模式，以画面叙述‘事件’；采用线描和焦点透视相结合的笔法，强调事件的现场感和细节性；绘画者是‘时事、风情’的记录者而非‘梅、兰、竹、菊’的抒情者，其画面试图传达的意义已与传统绘画苦心营造的‘意境’风马牛不相及”（姚玳玫：《文化演绎中的图像》）。

《新小说》设置的栏目中就包括“图画”：东西古今英雄、名士、美人之影像及名胜风景画之外，“每篇小说中，亦常插入最精致之绣像绘画，其画借由著

《中华小说界》之《纸牌》插图

译者意匠结构，托名手写之”（新小说报社：《中国唯一之文学报〈新小说〉》）。

《绣像小说》的刊名表明了编者重视图像的意图。每期都有绣像，即传统小说中用线条勾勒、描绘精细的书中人物的图像。绣像之外，还有与小说故事展开相配合的插图。每回照例有图画两面，每面标出一句回目。插图以线描的手法绘制。杂志前后刊行七十二期，插图达八百余幅。

《小说月报》创刊号设有《长篇》《短篇》《译

《小说月报》之《樱海花魂》插图

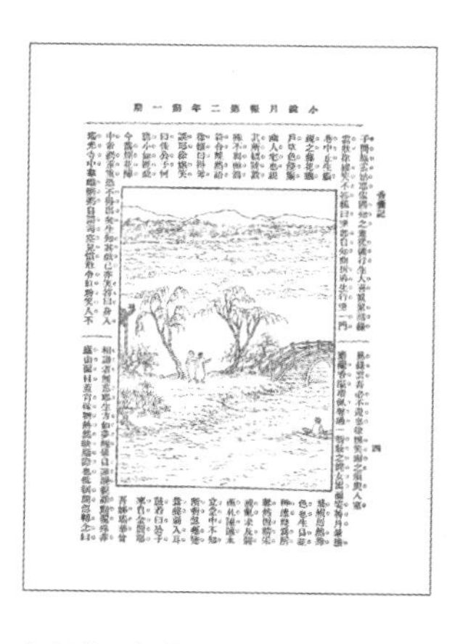

《小说月报》之《香囊记》插图

《小说月报》之《蔷薇花》插图

《小说月报》之《芦花泪》插图

《小说月报》之《珍珠串》插图

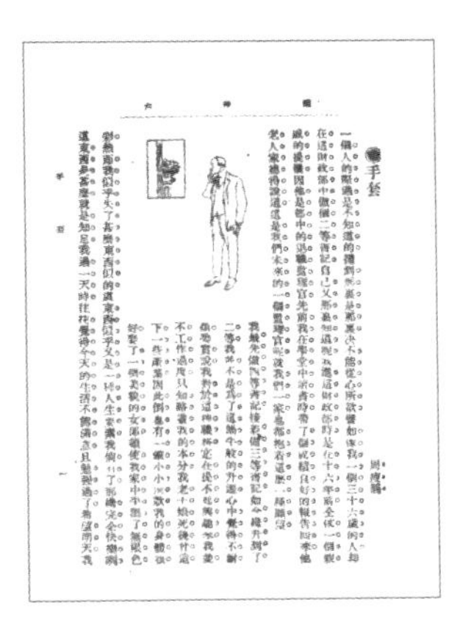

《礼拜六》之《手套》插图

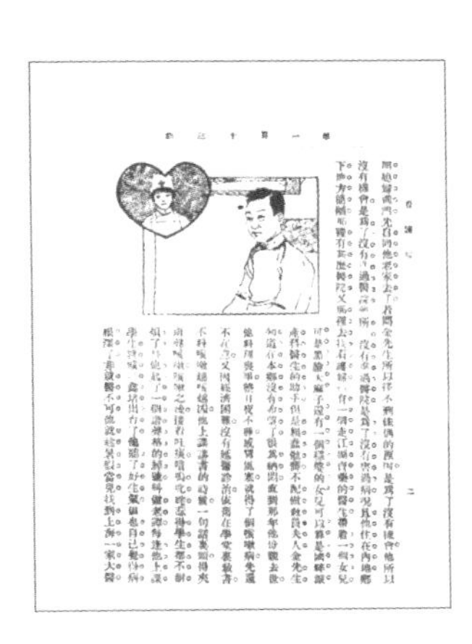

《礼拜六》之《看护妇》插图

《红玫瑰》之《玫瑰花前》插图

《红玫瑰》之《口孽》插图

《小说时报》之《黑衣娘》插图

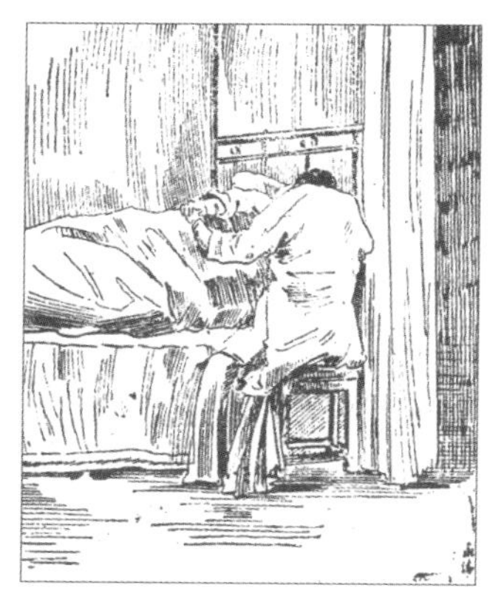

《小说时报》之《画符娘》插图

丛》等八个栏目，《图画》为其中之一。林译小说最初常配上原著插图，颇为出彩。《香囊记》《蔷薇花》《芦花泪》《珍珠串》等篇插图的画法与点石斋近似，在中国传统绘画艺术中融入民间年画的线描技巧。《樱海花魂》的钢笔画，笔墨又有不同。

1917 年 1 月在上海创刊的《小说画报》，包天笑编辑。主要刊载短篇小说和长篇小说，并配以大幅插图，精细的线条画，力图重现传统的中国面目。

《礼拜六》《红玫瑰》《紫罗兰》《中华小说界》

《小说时报》等皆以图画与文字并重，形成风尚。内文都有与小说文本相辅相成的插图，篇幅大小不等，艺术风格各异。《小说时报》的主要篇目都加上了插图，采用了西画的透视和解剖，注意明暗块面的分割处理，以可视的画面形象营造出感人的艺术氛围。《黑衣娘》《画符娘》的插图，可称佳作。编者说明："本报每种小说均有图画，或刻成，或画成，无不鲜明。不惜重资，均请名手制成，以矫他报因陋就简之弊。"

文学期刊插图反映了编者对增强刊物的通俗性和趣味性，提高时尚感和关注度，以增加销量的重视；也表现了编者对提升杂志美学趣味的热情和愿望。

比亚兹莱和蕗谷虹儿的流行风尚

当西方的比亚兹莱受到中国文化人推崇时，东方的蕗谷虹儿也同时得到追捧。

蕗谷虹儿（1898—1979），日本画家。他自述："我的艺术，以纤细为生命，同时以解剖刀一般的锐利的锋芒为力量。我所引的描线，必须小蛇似的敏捷和白鱼似的锐敏。……我的思想，则不可不如深夜之暗黑，清水之澄明。"

鲁迅说，比亚兹莱画集一入中国，"那锋利的刺戟力，就激动了多年沉静的神经，于是有了许多表面的模仿。但对于沉静，而又疲弱的神经，Beardsley 的线究竟又太强烈了，这时适有蕗谷虹儿的版画运来中国，是用幽婉之笔，来调和了 Beardsley 的锋芒，这尤合中国现代青年的心，所以他的模仿就至今不绝"（《〈蕗

《无名的病》插图（叶灵凤）

《昨夜的梦》插图（叶灵凤）

谷虹儿画选〉小引》）。

20世纪30年代，中国文学期刊插图袭用比亚兹莱、蕗谷虹儿几乎成为一种常态，掀起不小的流行风尚。

叶灵凤的《无名的病》和《昨夜的梦》插图，从线条运用到黑白分割，既有比亚兹莱的森然幻境，也有蕗谷虹儿的纤细柔情。

同样喜爱比亚兹莱画作的邵洵美，一位当时活跃的作家和出版人，1929年6月编译出版了《琵亚词侣（比亚兹莱）诗画集》，同时在他主办的《狮吼》杂志上

插图之一（比亚兹莱）

插图之二（比亚兹莱）

插图之三（比亚兹莱）

插图之四（比亚兹莱）

《朋友的死》（卢世侯）

着力介绍欧美唯美主义。《黄面志》和承袭《黄面志》的另一期刊《萨伏依》（*Savoy*）是邵洵美模仿的样板，追求新潮模式，提升刊物的审美格调。

《狮吼》最为人瞩目的是卢世侯唯美浪漫的插图。卢世侯，生卒不详。出版家平襟亚曾有《记浪漫画师卢世侯》一文介绍：卢为“世家子”，貌丑而备受冷落。“怀不羁之才，负绝世之技”，聪慧过人，画意高超，可谓传奇人生。《狮吼》编者称：“卢先生的线条画，是素为我们所佩服的；笔法的工细与造意的精深；一

《迷》（卢世侯）

《诗人》（卢世侯）

《甜蜜的思想》（卢世侯）

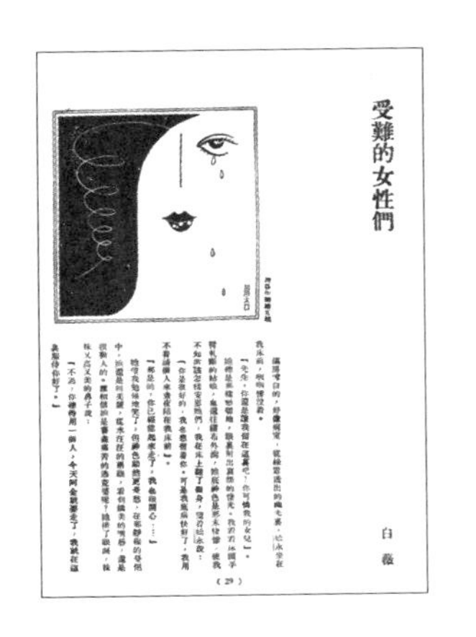
受難的女性們

白薇

（29）

《受难的女性们》插图之一（郑川谷）

（34）

《受难的女性们》插图之二（郑川谷）

般凭些小聪明而瞎涂的实不可与之同日语。”《朋友的死》《诗人》《迷》《甜蜜的思想》等作品，画面黑底白线，如同版画的阴刻，构成了一个静穆神秘的审美世界。马蒂斯说：“东方人把黑色作为一种彩色使用。”（杰克德·弗拉姆：《马蒂斯论艺术》）画家计黑当白，彰显着东方式的思维。卢世侯的画，渲染凄美诗情，营造诡异气氛，有一种醉心迷人的美感，较之比亚兹莱，大有青出于蓝之势而独擅胜场，论者誉为当时这类线条画的绝唱。

《宵星》（蕗谷虹儿）

《妇女杂志》扉画之一（张令涛）

《妇女杂志》扉画之二（张令涛）

《妇女杂志》扉画之三（张令涛）

《妇女杂志》扉画之四（张令涛）

1931 年出版的《妇女杂志》第十七卷，扉画中有张令涛手绘的妇女系列。每幅一位女性，长发，繁丽头饰，仿效比亚兹莱，尤其是服装花纹、树木花草的精雕细琢，缀满了明显的比氏印记。但是人物已是中国面孔，画面弱化了怪诞妖艳，回归生活的常态。张令涛，1921 年毕业于上海美专西画科，以造型生动、画风清新见长。

女作家白薇的《受难的女性们》写一个逃荒女人在日寇入侵、社会动乱的日子里，从东北到上海历尽痛苦的悲惨遭遇。画家郑川谷绘制的插图，散发出现代主义的韵味。郑川谷也是书刊装帧家，曾为《文学》《中流》设计封面。1938 年贫病交加，以二十八岁的英年去世。

现实主义插图的“普罗”追求

“普罗”是20世纪30年代左翼文学期刊的追求。

1935年2月在上海创刊的《新小说》，郑伯奇编辑。郑伯奇说，“左联”时期提出“大众化”和“通俗文学”，他很想借这块园地来做试验。不仅要求来稿文字务求通俗而饶有趣味，而且在编排和装帧设计上也花尽心机，大量使用了插图。第二卷第一期刊发九篇小说，每篇都有插图，共计二十五幅。有的一篇多达三幅，有的插图占一页全版，这在当时的文学刊物中极为少见。

年轻的插图画家在狭小的版面上竞放异彩。

郁达夫的《唯命论者》写一位教了二十几年书、月挣三十八元六角的小学教员，他的妻子用外婆给孩子的一元钱，偷偷买了一张航空奖券。开奖那天，夫妻俩误认号码以为中了头奖，做了一场好梦。梦想破灭，

《唯命论者》插图（万籁鸣）

人们在学校附近的河浜里发现了小学教员的尸体。当年《文学》杂志称许“《唯命论者》是既能通俗又耐回味的一篇小说”。万籁鸣的插图描绘了这一悲剧，众人抬起小学教员尸体的场面，令人目眩心惊。《牺羊》是柯灵的长篇小说，描写一群青年女性为生活为艺术而挣扎。插图多侧面地表现了这一现实。万籁鸣以厚重的人物轮廓线，阴暗的背景，增强了压抑之感。万籁鸣，江苏南京人，时任《良友》画报美术编辑。后致力动画，中国动画艺术的主要创始人，以《大闹天宫》名世。万

《牺羊》插图之一（万籁鸣）

《牺羊》插图之二（万籁鸣）

《牺羊》插图之三（万籁鸣）

《牺羊》插图之四（万籁鸣）

《野祭》插图（楚人弓）

《刘桢平视》插图（万古蟾）

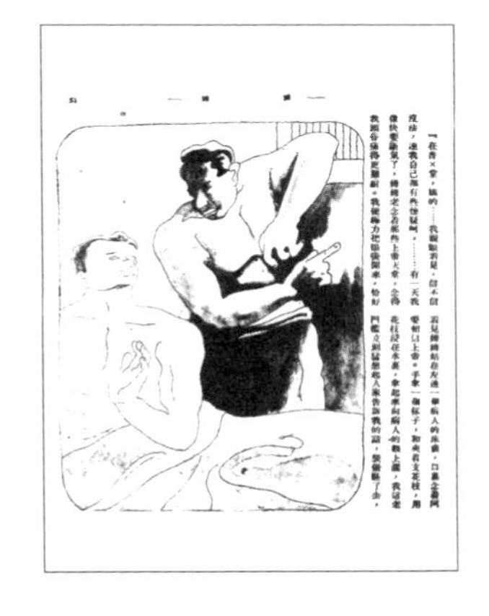

《姆姆》插图（李旭丹）

古蟾是万籁鸣的孪生弟弟，《刘桢平视》插图笔触轻灵，画面别具装饰味道。李旭丹也在编辑《良友》画报，他的《姆姆》单线勾勒，屈伸自如，有一种动态的力量。楚人弓的《野祭》以人物特写直面人生，给人直逼心灵的震撼。黄苗子时任《小说》半月刊美术编辑，《伙计》插图的笔触略带漫画的效果。他们的画作，与沉痛的书写配合，呈现出现实主义的风貌。

马国亮为《良友》画报编辑，最本色的小品作家，绘画是他的余兴。他的插图线条与黑色块面交错，明暗

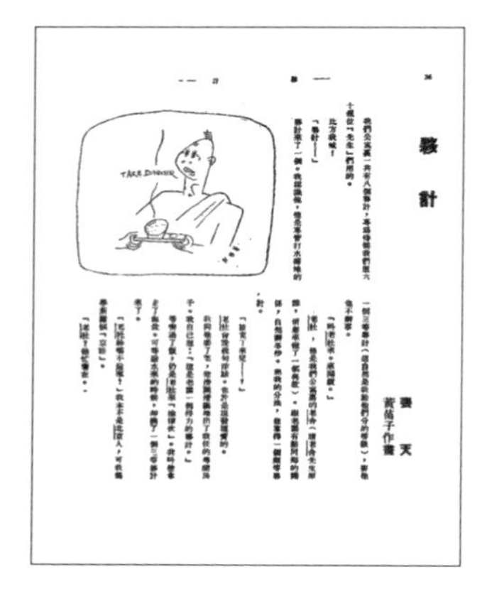

夥計

黃苗子作畫

《伙计》插图（黄苗子）

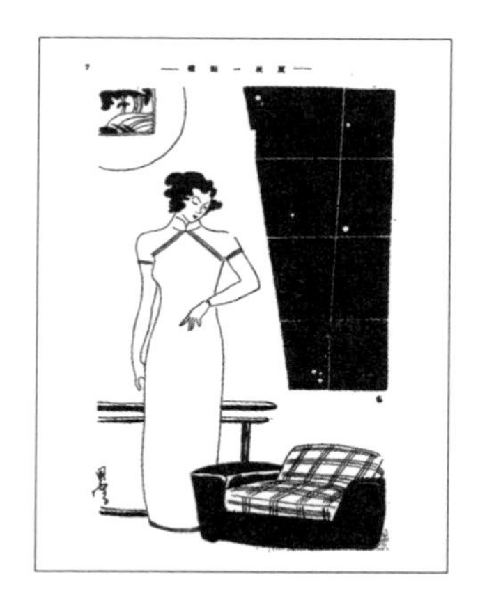

《夏夜一点钟》插图（马国亮）

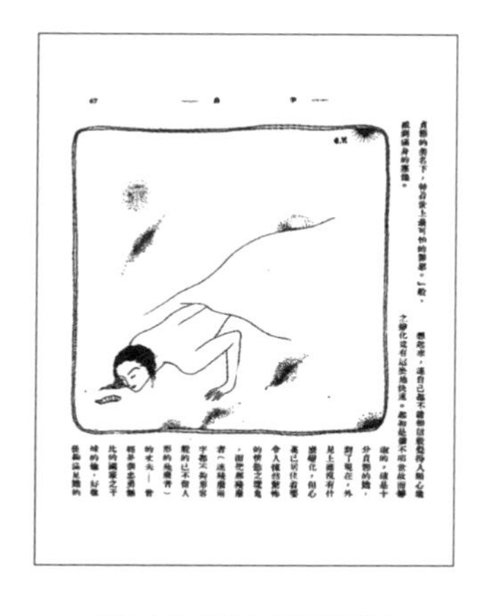

《芋虫》插图（郭建英）

《华缅人械斗记》插图

变化中富有现代意趣。《芋虫》是日本的一篇反战小说，郭建英的插图画面简洁，线条富于魅力，读者展卷披览，当会神驰意远。

《新小说》的插图获得众多作家点赞。张天翼说：“看到《新小说》极为高兴，编制插画都极吸引人。”曹聚仁说：“《新小说》很好，画和文字都有生气。”陈子展则对插图的整体价值给以肯定：“创作均有插图，当益接近大众矣。能做到雅俗共赏之通俗读物。”

同是1935年2月，在上海还出版了一本《生生》，

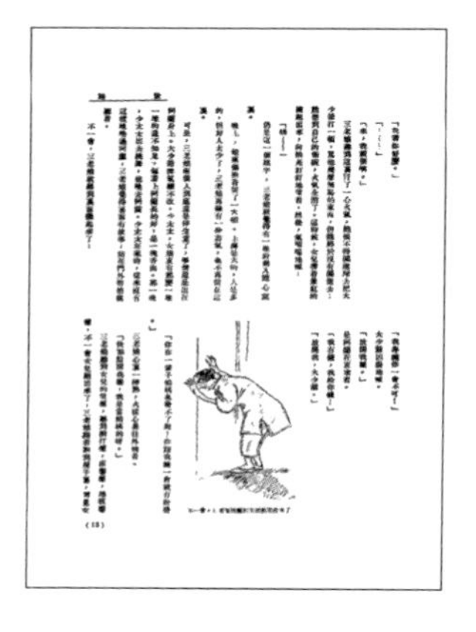

《世路》插图之一

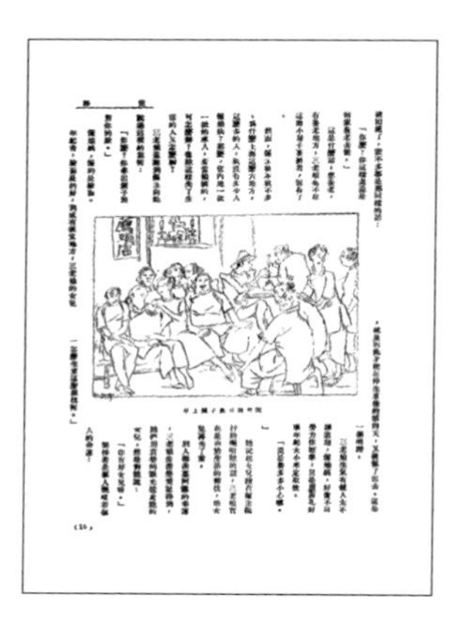

《世路》插图之二

《世路》插图之三

《世路》插图之四

李辉英编辑，上海图画书局出版发行。书局老板孙家振为鸳鸯蝴蝶派中的著名作家，但杂志的作者茅盾、叶紫、艾芜、王任叔、征农等几乎全是左翼作家。《生生》仅出一期，杂志最抢眼的是插图。不计正文前面画页的世界名画和现代木刻，全期九十六页，刊登十一篇小说，插图就有三十一幅，每篇都有，风格各异，堪与《新小说》媲美。《华缅人械斗记》插图的跨页大幅画面，《世路》插图的场景变换，都让人难以忘怀。遗憾的是插图都没有作者署名，读者在赞叹之余又怅怅不已。

郑伯奇（署名“平”）有《插画漫谈》（《新小说》第二卷第一期），颇有见地：“小说的插画是帮助读者欣赏的。插画的作风若和小说的作风不一致，反来可以引起读者由乖离而发生的不快感。但是，画家要做到和原作者一致，倒并不是一件容易的事。有时候，严肃的作品会插上漫画式的插图；有时候，轻松的作品而插画却采取厚重的笔调。”他认为，缺少写实精神的插画，不合通俗化的旨趣。

梁白波的象征主义插图

象征主义风格的插图，在20世纪30年代文学期刊插图的百花园中别具风姿。

1936年3月上海出版的文艺杂志《六艺》第二期，刊发了禾金的小说《蝶蝶样》。禾金，新感觉派作家，作品具有感伤的现代主义品格。新感觉派小说的创作多取材于半殖民地大都市的世相世态，特别强调作家的主观感觉而不太重视对客观生活的真切描写，注重心理分析，着重技巧的创新，借鉴电影叙事形成自己的小说结构。《六艺》编者评价《蝶蝶样》："我们要特别推荐禾金先生的一篇创作。自从有现代气息的都市文学被介绍到中国来以后，许多作者都只拾取着她的皮毛而忘记了她的精神。从禾金先生的这篇创作上，我们获得了我们最丰富的收获。"（《编辑室随笔》）

1. 在初冬的冷风里，一个人坐在墓碑下面的墓石上。

2. “好孩子，爸爸没有来，爸爸给人家抓去了。”

3. 在阴郁的、恶毒的泥土中，她费力地成长了。

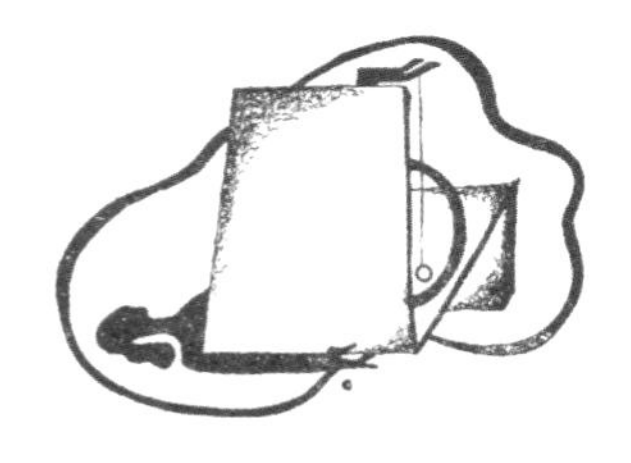

4. 那么永恒而神圣的酣睡呀！

《蝶蝶样》插图

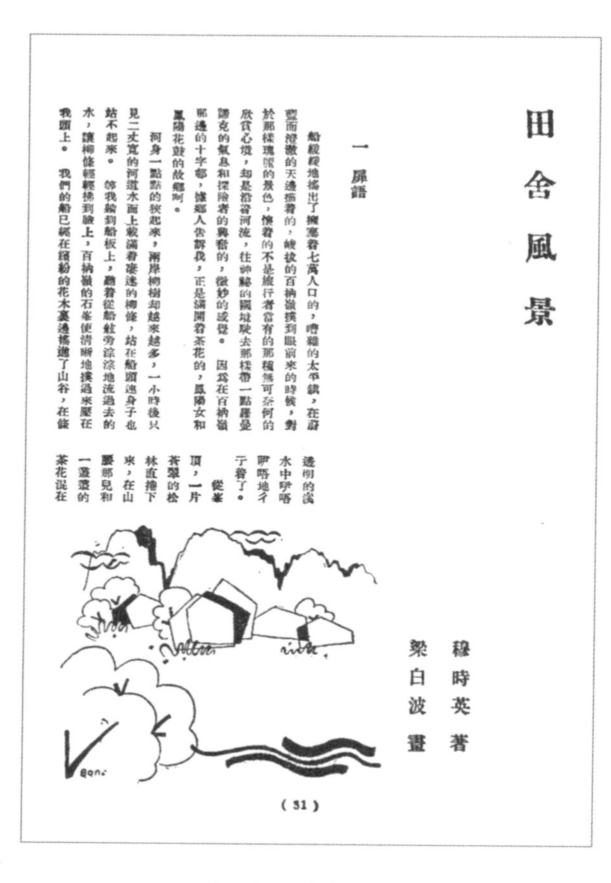

田舍風景

穆時英 著
梁白波 畫

一 扉語

船緩緩地搖出了擁塞着七萬人口的，嘈雜的太平鎮，在蔚藍而澄澈的天邊描着的，峻拔的百衲嶺撲到眼前來的時候，對於那樣瑰麗的景色，懷着的不是旅行者當有的那種無可奈何的欣賞心境，却是沿着河流，往神秘的國境駛去那樣帶一點羅曼諦克的氣息和探險者的興奮的，微妙的感覺。 因爲在百衲嶺那邊的十字鄉，據鄉人告訴我，正是滿開着茶花的，鳳陽女和鳳陽花鼓的故鄉呵。

河身一點點的狹起來，兩岸柳樹却越來越多，一小時後只見二丈寬的河道水面上載滿着淒迷的柳條，站在船頭連身子也站不起來。 等我躺到船板上，聽着從船舷旁淙淙地流過去的水，讓柳條輕輕拂到臉上，百衲嶺的石峯便清晰地撲過來壓在我頭上。 我們的船已經在繽紛的花木裏邊搖進了山谷，在條透明的溪水中咿唔咿唔地彳亍着了。

從峯頂，一片蒼翠的松林直捲下來，在山腰那兒和一叢叢的茶花混在

（31）

《田舍风景》插图之一

《田舍风景》插图之二

《田舍风景》插图之三

《蝶蝶样》叙写韩国反战者的故事。金森淇是一个生长在日本长崎的高丽孩子。当时，整个民族受到不幸的毁灭，他饱受欺凌。夏明是一个中国女孩，母亲去世后，父亲带着她和妹妹静子到了日本东京。同来的还有过继给父亲作子嗣的表哥和表嫂。父亲死后，夏明姊妹饱尝了表哥表嫂的冷眼。金森淇与夏明相识相爱，他们带着静子来到上海。金森淇参加了地下组织，受到追捕又潜回日本。夏明为生活所迫去舞场伴舞，最后受辱自杀。

《田舍风景》插图之四

《田舍风景》插图之五

《蝶蝶样》的插图画家梁白波，广东中山人。民国先锋艺术组织决澜社中的一位女将。《决澜社宣言》理念前卫，宣称：“我们厌恶一切旧的形式，旧的色彩，厌恶一切平凡的低级的技巧，我们要用新的技法来表现新的时代精神。”梁白波的插图不求图式配合，着力探求新潮。画家将全篇内容浓缩为四幅插图：冷风墓石，墓地悼念；借母亲说给儿子的话，道出金森淇身世的不幸；以“阴郁的、恶毒的泥土”，比喻夏明处境的危难；逝者已矣，苦雨凄风，人生悲凉。画家打破常规的透

《孩儿塔》插图之一

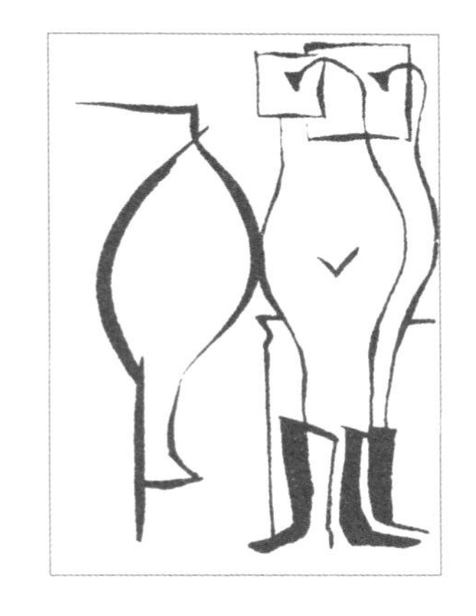

《孩儿塔》插图之二

视规则和具象造型，追求变形的、抽象的、装饰性的构型方式，意象奇异。

穆时英的《田舍风景》重点不在写皖北的山水，而在描绘世代生活在这里的农民，千辛万苦种田，却连衣食也不能周全。“世界一天比一天悲苦了”。年轻人向往去大城市闯荡，但前路茫茫。象征主义绘画主张客观外象与主观精神沟通，梁白波的五幅插图，与《蝶蝶样》一样没有纪实的摹写，依然是通过象征的、隐喻的、富有装饰性的画面表现虚幻的梦想。

《锄头给我，你拿枪去。机器给我，你拿枪去。》

《到军队的厨房里去》

《站在日军前面的巨人——游击队》

梁白波还为殷夫的《孩儿塔》作过插图。殷夫，左翼诗人。1931年2月7日在上海就义，年仅二十二岁。《孩儿塔》是他自编而没有出版的诗集。今日史料披露，这是殷夫写给他的初恋情人盛淑真的诗。九幅插图是在殷夫的遗物中发现的，最初以为是殷夫自绘，后来才知道是梁白波的作品。画面多为不同动态的裸体女性，有的极为抽象，朦胧晦涩，很难辨识，具有强烈的象征主义主观色彩。梁白波是殷夫的朋友，但这些插图作于何时、经过如何，均无从查考。

《蜜蜂小姐》之一

梁白波的“主业”是漫画，一部展现一位都市女郎浪漫生活的连环漫画《蜜蜂小姐》，让她知名画坛。七七事变后，她参加上海漫画界的宣传队，投入民族救亡的大潮。她从女性视角表现中华民族的神圣战争，成为20世纪中国唯一的女漫画家。《锄头给我，你拿枪去。机器给我，你拿枪去。》表现爱国的农妇和女工，鼓励支持丈夫拿起枪上前线，抗击日本侵略者。黑白明快，构图饱满，富有装饰情趣。

曹涵美插图的古典风流

检点民国文学期刊的中国古典文学名著插图，首推曹涵美。

曹涵美，张光宇三兄弟中排行老二，原名张美宇。后过继给母舅，改姓曹。自幼喜爱绘画，卓然成家。

20世纪30年代，读图已成为上海的一种阅读时尚。1935年，《论语》杂志开始连载曹涵美画的《儒林外史》。每期刊登一幅或两幅，每幅表现一回故事，共连载四十多回。仿照《点石斋画报》以图释文的形式，均为上图下文。《儒林外史》写透了中国古代官场的形形色色。插图之一《严监生临终伸指》，借一个小情节刻画了吝啬鬼渺小的灵魂。严监生积累了十多万两银子的家财，临死那天从被单中伸出手，竖起两个指头，众人不解其意。妻子走到油灯前，把燃着的两根灯草挑断一根。

《儒林外史》插图之一

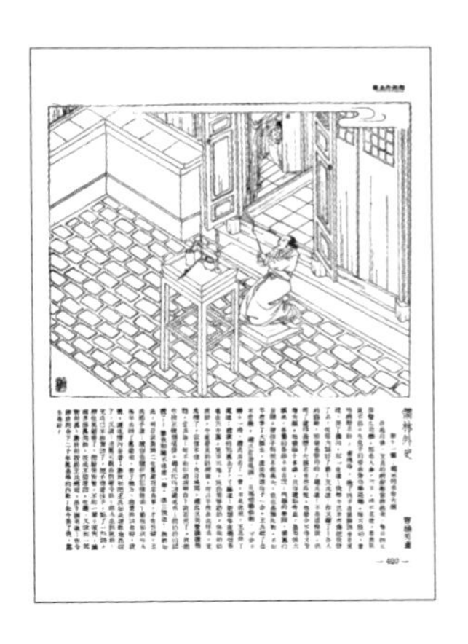

《儒林外史》插图之二

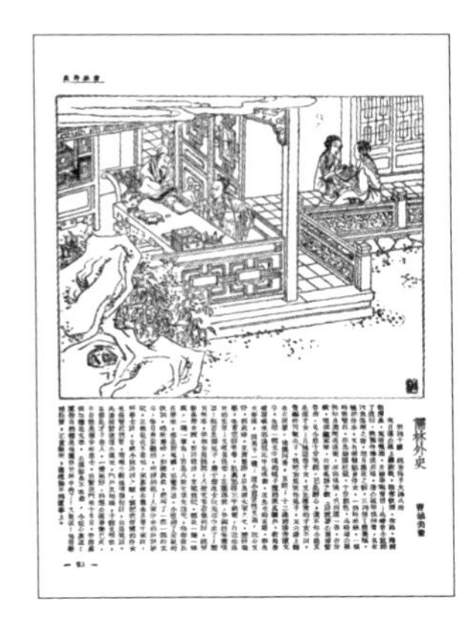

《儒林外史》插图之三

严监生登时放下手来，断了气。画家观察细致，笔力不凡。插图人物描绘生动入微，故事背景的亭台楼阁、街坊茶舍，均各有交代。

曹涵美轰动当时、享誉不衰的画作是《金瓶梅》插图。七十年后，著名画家黄永玉还称赞它为“中国的艺术瑰宝。手腕之高超，至今仍令人咂舌”（《不用眼泪哭》）。

《金瓶梅》插图于1934年在鲁少飞主编的《时代漫画》连载。从第二期开始，每期一幅，直到杂志终刊，

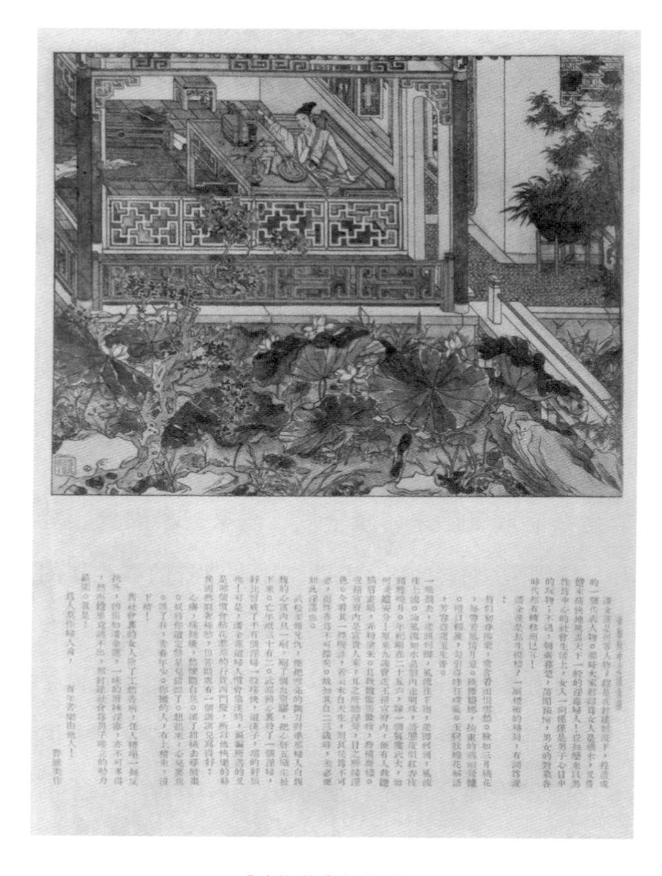

《金瓶梅》插图之一

《金瓶梅》插图之二

《金瓶梅》插图之三

共刊出三十九幅。同一时期，曹涵美还有《李瓶儿》（刊《独立漫画》）和《春梅》（刊《漫画界》）两组连载，都属于《金瓶梅》系列。图画的下面配有或多或少的小说摘编文字，或节选或转述原文。

为什么要画《金瓶梅》？曹涵美在后来出版的《曹涵美画第一奇书金瓶梅全图》的《自序》里写道：“《金瓶梅》一书，结构缜密，文笔简练，寓庄于谐，为众生说法，所说曲尽人间丑态。”“作者以情爱为表，讽刺为骨；不但讽刺一个人，讽刺社会，简直讽刺到

《金瓶梅》插图之四

《李瓶儿》插图之一

《春梅》插图之一

一个国。”“我画《金瓶梅》插图，……主要此书文墨惊动了我的心，觉得大可入画，是借人家掌故，抒古之丘壑，有程序地探讨练习，使技巧上有所竞争。”

潘金莲是书中主要人物，曹涵美这样评价：“她是在封建制度下，捏造成的一个代表人物，那时大家都认为女人是祸水，又借她来痛快地骂尽天下一般的淫毒妇人！岂知历来以男性为中心的社会生活上，女人一向仅仅是男子心目中的玩物；不过，朝秦暮楚，荡闲逾检，男女的对象各时代都有转移而已耳！”（《〈金瓶梅〉中的潘金莲》）

《金瓶梅》插图画面美丽，笔致精工。画家以稍带夸张的柔美线条，流畅飘逸地传出人物的仪态神韵，眉挑目语，各合身份。贺天健称："曹君涵美，余老友也。工人物，铁线游丝，上规李龙眠、钱舜举，下法仇实父、改七芗（改琦），骎且自成一家。所作《金瓶梅》本事图，工致精能，吴友如无其秀也。"画中屋宇器物则用界画技法，华厦深院，布局严谨；零物杂件，规矩精巧。

《金瓶梅》因过分刻露描绘男女性爱而受到非议。曹涵美的插图对性爱场景的处理，注意把握画面分寸，避实就虚，恰到好处，超出明清刻本中插图的水平。包天笑称赏"尤贵有含蓄之意"（《介绍金瓶梅全图》）。

1936年6月，《曹涵美画第一奇书金瓶梅全图》（第一集）问世，内容就是发表于《时代漫画》的《金瓶梅》插画的结集。之后，曹涵美又重画《金瓶梅》。1942年，《曹涵美画第一奇书金瓶梅全图》在上海印刷发行，全套十册，总计五百余幅。文图双美，珠联璧合。不过，说是"全图"，实际上只画到原书的第三十五回。两个版本，画法有所不同，见仁见智，评价各异。

漫画的艺术

漫画是用简单而夸张的手法来描绘生活或时事的图画。它以幽默诙谐的画面或画面组，达到讽刺或歌颂的效果。

20 世纪二三十年代的中国，漫画是读者喜闻乐见的艺术。文学期刊的插图，漫画是不可或缺的一个重要画种。刊名“漫画”的杂志，自然以漫画为主体，不过并非单一的刊登漫画，而是兼容绘画、摄影及文学等多种体裁。文学类乃至综合类期刊，都会给漫画留下一定的篇幅。聚集在上海的中国漫画界的精英，描摹了上海滩的三教九流，展现了当时中国社会的众生万象。

早期的漫画也称滑稽画，从生活中撷取滑稽的素材，丁悚的《猎艳受辱》戏谑讥讽小市民的恶习，张

《猎艳受辱》（丁悚）

《惨剧》（张文元）

文元《惨剧》的寓意启人思考。

胡考的《平民窟》，立体地表现草根平民的生活遭遇。与画面同时刊发的画家的《小记》，以平实的语言道出了生活每况愈下的艰难和辛酸。漫画构图新颖，极富装饰风味。

张英超的漫画主要描绘闲逸阶层的生活。大上海的街头形形色色，无奇不有，摩登青年、摩登小姐、荡妇、游民触目皆是。《上海街头》揭开了“冒险家乐园”的一角。

《平民窟》（胡考）

小记：前楼嫂嫂养了好一群孩子，一辈子没好日子过！

后楼嫂嫂仗自己一双手替人家洗衣服过日子，有时倒还活得去，自从洋鬼子的炮火在地面上一扫之后，不知怎的？要她洗衣服的人像死去了一大半！

客堂间里二夫妻是通文识字的，可是没的事情干，一天到晚闲着玩儿！

灶披间里的老伯伯，听说是拉洋车的，如今老了，不能拉了！

亭子间里的小伙子，身强力健，不知怎的？也是整年的找不到工作！

《上海街头》（张英超）

华君武早年的漫画，钢笔细线，造型简练，尤擅描写人物众多的大场面。《一二·九》中游行学生正在和军警对抗，密密麻麻的人群蕴蓄着强大的力量。“网球赛”以两个赛场观众人数的悬殊，表现出幽默意趣。

蔡若虹的《皮啖泥啖》（*PICNIC*）取材于我国北方大旱成灾的新闻报道。“一方面是大腹便便的剥削者和他的家属在公园草地上大吃大喝，另一方面是骨瘦如柴的灾民在荒野中寻找观音土和树皮草根充饥，都是野餐，可是吃的东西却有天壤之别。”（蔡若虹：

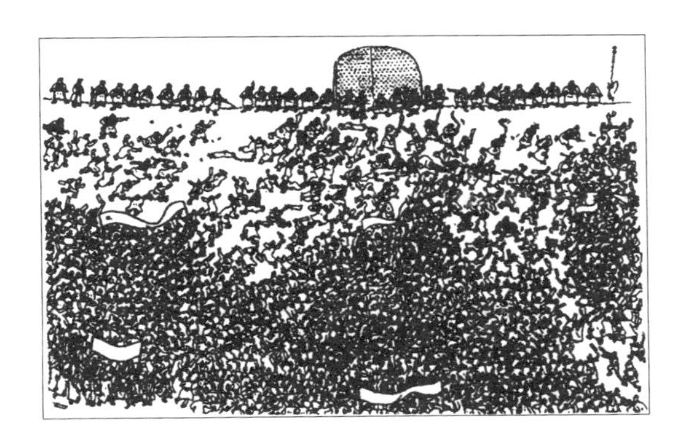

《一二·九》（华君武）

裁判员：你为什么不打下去了？！

男球员：他们都去看她们比赛了，我们有什么兴趣呢？！（华君武）

《皮唉泥唉》（蔡若虹）

《新都风情》之一（叶浅予）

《上海亭子间的时代风习》）他受德国讽刺画家格罗斯的影响，素描勾勒，短而碎的线条有种质朴的美感。

叶浅予以连环漫画《王先生》风靡大江南北。《新都风情》画南京茶座、澡堂的市井人物，深厚的素描功力令读者激赏。理论与创作兼具的漫画家王敦庆称赞叶浅予："他专以灵巧的手法，感觉的精神，优美的线条，聪明的省略，大胆的变形，把宇宙的幻象和人间的一切，于一刹那间记录出来。"（《老年的中国》）

中国社会的黑暗和官场的腐败，陶谋基的《你们的

《你们的老爷当真要上任了吗？》（陶谋基）

《“我”的“言论自由”》（丁聪）　《海涅入狱》（［俄］爱非莫夫）

老爷当真要上任了吗？》给予了辛辣的揭露。20世纪40年代末，丁聪在《周报》封面上的政治漫画切中时弊，加重了鞭挞的力量。为百姓请命，为民主呼号，显示了一个漫画家的良知和胆识。

文学期刊不仅内文刊载漫画，封面也经常成为漫画驰骋的天地。

1936年3月5日出版的《夜莺》创刊号，封面是一幅漫画《海涅入狱》，一个形如野兽的军警正持棒抓捕海涅，罪名是“犯危险思想及非我族类罪”。作者为俄国画家爱非莫夫（今译叶菲莫夫）。杂志内页上印有选自海涅的《德国，一个冬天的童话》第二十六章中意译的诗句：“我看到了什么——我不直说 / 诅咒已把我的嘴唇堵住。/ 只许我说——天老爷，好臭！……这日耳曼未来的灵魂 / 臭得厉害，超越了我的鼻子所能感触，/ 我也再不能忍受！”编者借外国漫画抗议中国反动当局查禁左翼书刊、抓捕进步作家的倒行逆施。

新木刻异军突起

木刻是民国文学期刊插图的一种重要的艺术形式。

中国的木刻从唐代《金刚经》的卷首图到明代，发荣滋长。鲁迅说：“世界上版画出现得最早的是中国，或者刻在石头上，给人模拓，或者刻在木板上，分布人间。后来就推广而为书籍的绣像，单张的花纸，给爱好图画的人更容易看见，一直到新的印刷术传进了中国，这才渐渐的归于消亡。”（《介绍德国作家版画展》）中国固有的木刻衰落了，而输入域外的木刻艺术至欧洲文艺复兴时期，却发展成为一种独立的艺术门类。

20 世纪 20 年代末，中国新木刻运动异军突起。这是木刻的复兴，充满着新的生命。“新的木刻是刚健，分明，是新的青年的艺术，是好的大众的艺术”（鲁迅：《〈无名木刻集〉序》）。木刻的工具和材料都简单廉价，

"遇"（木雕）
E. Warwick 作

《遇》（［美］爱特华·华惠支）

《大雪》（［英］格斯金）

《狩猎》（［波兰］斯可济拉恩）

印刷成本较低，而普及宣传作用巨大。新木刻一开始就与左翼文化运动相呼应。

鲁迅倡导和推动了这一运动，组织木刻团体，培训木刻队伍，举办木刻展览。新木刻运动发端于上海、杭州，影响迅速扩大。

文学期刊纷纷引进了欧美、苏联、日本不同流派的作品，借外域之光，启本土之蒙。鲁迅在《近代木刻选集》中曾点评名作爱特华·华惠支的《遇》（又题《会见》），“是装饰与想象的版画，含有强烈的中古风味的”；格斯金的“《大雪》的凄凉和小屋底景致是很动人的。雪景可以这样比其他种种方法更有力地表现”；《舞》

舞

法國加萊利作木刻
法郎士名著(黛絲)中
插圖之一

《舞》（［法］加莱利）

明刊戲曲書影

明刊戏曲书影

《桃花记》插图

是加莱利（也译凯亥勒）为《黛丝》作的插图，“他的作品颤动着生命”。鲁迅推崇德国女画家珂勒惠支，“左联”五烈士牺牲之后，《北斗》杂志刊出了她的《牺牲》（又题《献》）。一位母亲含悲献出她的儿子，无声的描线沁人心髓。画面的苦难感与愤怒感引起鲁迅的共鸣。麦绥莱勒的版画《一个人的受难》，描绘小人物挣扎于城市底层的悲苦命运。鲁迅很欣赏这位为无助的芸芸众生发声的比利时画家。

文学期刊同时也刊出了如明代戏曲等中国古籍版刻

《牺牲》（［德］珂勒惠支）

《一个人的受难》之一　《一个人的受难》之二

（［比］麦绥莱勒）

《到前线去》（胡一川）

的书影。1934年，鲁迅与郑振铎合作，以“版画丛刊会”的名义翻印了《十竹斋笺谱》。这部明末印行的古代诗笺图谱，郑振铎称之为“明末版画里最高的收获”。鲁迅在给友人的信中道出了翻印的缘由：“这部东西神致很纤巧，虽稍小，总是明代的东西，不过使他复活而已。”（《致增田涉》）

鲁迅指出：“采用外国的良规，加以发挥，使我们的作品更加丰满是一条路；择取中国的遗产，融合新机，使将来的作品别开生面也是一条路。”这都是“中

《码头工人》（江丰）

《南京路上》（郑野夫）

《韩江舟子》（罗清桢）

《三个受难青年》（力群）

《陕北秧歌舞》(秦兆阳)

《陕北的丰收》(焦心河)

国的新木刻的羽翼”。(《〈木刻纪程〉小引》)

新木刻诞生前后，正值日本帝国主义入侵我国东北领土，九一八事变发生的历史节点。木刻家直面社会和人生，以利刃劲笔描绘劳动群众的悲苦和抗争，唤醒民众，救亡图存。新木刻运动造就了胡一川、江丰、李桦、黄新波(一工)、郑野夫、陈烟桥(李雾城)、罗清桢、刘岘等一批优秀的木刻家。他们的作品造型厚重，刀法粗犷，黑白关系简约概括，画面充满整体的力度感。新木刻家的大量作品，发表在文学期刊上。单是《文学》

《马锡五调解婚姻案》（古元）

《重逢》（李桦）

《抗战》（彦涵）

杂志 1934 年 8 月至 1937 年 8 月，就刊登了六七十幅。（乔丽华：《“美联”与左翼美术运动》）

全面抗战开始之后，新木刻在以延安为中心的陕甘宁边区和新四军所在的苏北解放区得到大的发展。胡一川、江丰、力群、马达、沃渣、赖少其等老木刻家，和相对年轻的古元、彦涵、焦星鹤（焦心河）等，组成一支坚强有力的队伍。他们在反映现实生活、服务战时需要的同时，积极进行了木刻民族化的探索，从中国传统年画的造型中吸收相应的元素，采用中国传统木刻单线、阳刻的技法，画面简洁明朗，层次变化丰富，但在构图处理、人物造型等方面，刀意木味之间仍保留了西方写实绘画的因素，从而形成了民族化倾向的审美样式。

摄影图片的使用

摄影图片，民国文学期刊的一种新型插图。

1839年，摄影术诞生不久就传到了中国。1846年的香港报纸上就有“香港银版摄影和新版印刷公司有香港和中国彩色与黑白照片出售”的广告。1860年前后，广州、上海都有外国人开设的照相店，但摄影题材多限于肖像。五四运动前夕，美术摄影逐渐从旧的照相行业中分离出来，题材有较大的扩展，表现出比较丰富的社会内容。20世纪30年代，中国摄影已经发展成为一门独立的艺术。摄影图片传达的信息远比文字清晰，图像所特有的直观性与丰富性，更容易激起读者主动介入与重新阐释的欲望。杂志编辑也乐于刊载。

1920年，国内第一个报纸摄影附刊《图画周刊》问世，戈公振创办并主编。每星期日出版，随《时报》

集锦照相（郎静山）

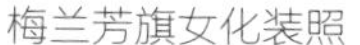
梅兰芳旗女化装照

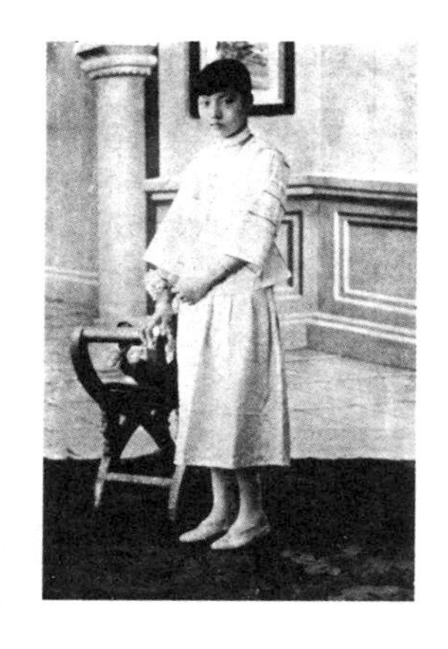

名伶孟小冬生活照

附送。四开版面，铜版印刷。刊登的摄影图片，编者选用六类：一是新闻照片，强调迅速及时，不用他报已经发过的照片；二是风景照片，不拘于名胜古迹，凡是有美术价值的，尽管是一花之微，一羽之细，也表示欢迎；三是学校照片，包括文化、体育、游艺活动，教育上种种新建设等；四是艺术品照片，介绍国内外美术家的最近作品；五是名人照片，要求最近所摄，以报纸上没有揭载过的为限；六是风俗照片，以异乎寻常的为限，不拘种类。

戲劇協社·第十次公演

怒吼吧，中國！之演出

《怒吼吧，中国》剧照

杂志不同，编者对照片内容的选择也不同。《图画周刊》所选的六类，文学期刊都有刊载，但经常刊出的是风景、民俗和人物照片。中外风景、名胜古迹，举不胜举，读者一卷在手，当可卧游天下。风土人情，乃至奇风异俗，有闻必录，尤其偏重娱乐性和猎奇性。人物一项，包罗更广。中外军政要人，社会名流，艺界明星、名伶，女优、美人，以及杂志的编者、作者和读者。30 年代的《红叶》杂志，一度每期封面都有一张名媛淑女的头像。照片系另外精印，再手工粘贴

《月月小说》总撰述等人

前排（右起）：孙剑秋、朱梅郎、陈蝶仙、王鼎、王钝根
后排（右起）：陈小蝶、丁悚、周瘦鹃、李常觉、席德明、张振之

《礼拜六》编辑部同人

《现代（现代美国文学专号）》

现代美国作家

到封面预留的相应位置上。期期皆为新人出场。早期通俗期刊则有名妓小照，时称“花照”，后《小说月报》最先特别声明：“妓女照片，虽美不录”。

《礼拜六》《心声》等喜欢刊登编辑部同人的合照。《月月小说》第一期的照片，刊登了“中国元代小说巨子施耐庵、英国大小说家哈葛德、总撰述吴君趼人、总译述周君桂笙、总经理庆祺君”共五张照片。有论者认为：总撰述和总译述将自己与中国古代小说巨子、西方现代小说巨子并列，意在凭借这样一组照片的展

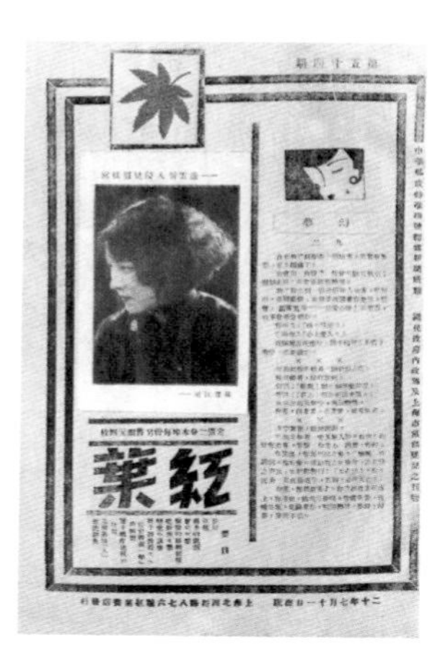

《红叶》

開市大吉

老舍

我，老王，和老邱，凑了点錢，開了個小醫院。老王的
夫人作護士主任，她本是由看護而高升為医生太、的。老
的岳父是庶務兼會計。我和老王是這麽打算好：假如老丈人
報花賬或是攜款潛逃的話，我們倆就揍老邱；合着老邱是老
丈人的保證金。我和老王是一黨。老邱是我們後約的。我們
倆總得防備他一下。办什麽事，不拘人多少，總得分個黨派
，留個心眼。不然，看着便不大像回事兒。加上王太、，我
們是三個打一個。假如必須打老邱的話。老丈人自然是幫助
老邱嘍。可是他年歲大了，有王太、一個人就可把他的鬍
扯淨了。老邱的本事可真是不錯，不說虛心話。他是專門割
痔瘡，手術非常的漂亮，所以請他來合作，不過他要是找
的話。我們也不便太厚道了。
我治内科，老王花柳，老邱專门痔漏兼外科，王太、是
護士主任兼產科。合着我們一共有四科。我的内科，老、
、的講，是地道二五八。一分錢一分貨。我們的内科收費
少晚。要敲是敲花柳与痔瘡。老王和老邱是我們的希望。我
和王太、不過是配搭。她就根本不是大夫。对于生產的経

老舍手稿

罷一定有一種慘酷的景象那知大大不然只見滿根福把籃子裏的飯和菜放在桌上桌旁邊坐着一個很漂亮的少年這少年不消說是季殿梅了只聽他對滿根福道多謝你根福笑道彼此彼此一會

兀了根福又和他走了出去我正待走過去追蹤他那知又走進來了諒來是陪他解手去的只見根福把碗盞安放在籃子裏回頭向殿梅道你把上身衣服都脫下來殿梅遲疑道這算什麼根福板着臉道這是規矩你懂不懂殿梅沒法想把上身衣服一件件脫下來根福又把金手鐲皮夾子一氣擄起來把根很粗的麻繩葛地裏把殿梅兩臂一扣只一攬早縛在柱子上吹滅了燈獨了門便走我等了好一會把長衫一脫捋了手輕輕把扇窗撬了下來左手把電筒一照屋裏除一桌一櫈外別無他物我便爬過去把縛住的麻繩解下來低低向他說道我是來救你的他道一萬元怎樣了我道你不必去管他跟手把他背在肩上從窗裏爬了出來歸着心一聽沒有人聲便從牆缺

玫瑰女郎　一三

《玫瑰女郎》摄影插图

玫瑰女郎

俞天憤

天憤對於偵探小說夙抱熱心提倡並抱有一種研究之態度本篇草成後特按事實扮演復攝成影片八幅今刊其四餘四幅以原片稍嫌模糊未克刊出耳　茗狂

「我乃阿拜爺是也」哈哈這句是開場白阿拜爺三字是怎麼出典怎麼解說是要在金樣飛探案中去說明如今卻不及去講究他算是我的別號罷了閒言表過歸正傳

今天茂龍開幕了按說有錢的富翁辛辛苦苦造成了花園總抱個「獨樂主義」任你至親好友歸

玫瑰女郎　一

《玫瑰女郎》首页

现，获得世界小说作家谱系上的继承地位。

《小说月报》1923 年 1 月刊登了前一年诺贝尔文学奖获奖作家贝拉文特像，同年第十二期又登出了当年诺贝尔文学奖得主叶芝的照片，在当时堪称迅速及时。1932 年《现代》纪念歌德逝世百年，刊出照片五十六张：有歌德各个时期的代表肖像，他的父母、妹妹、两位恋人、《少年维特之烦恼》中夏绿蒂的真面目，他的住宅、他的小说及翻译出版物，他的绝笔，他和好友席勒的墓以及他失业的后裔等，既广且全。1934 年的《现代(现代美国文学专号）》，系统全面地介绍美国现代文学，一次刊出二十四位作家的照片，既有白璧德这样为人熟知的老作家，也有当时并不出名的新人福尔克奈（福克纳）。论者评说："《现代》杂志上图片的运用开一代编辑之风气。"（林祥主编：《世纪老人的话》）

1924年10月出版的《红玫瑰》第一卷第十六号，曾有过一次摄影图片与小说联姻的实验。题为《玫瑰女郎》的小说，叙述如何侦破一男扮女装的恶汉与一财主家的儿子勾结，以假绑票敲诈其财主父亲的故事。作者俞天愤根据故事情节组织扮演角色，拍了八张照片插入小说（实际刊用的只有成像清晰的四张），开了中国小说照片配图的先河。

读者在一个世纪的风水流转之后，凭借着摄影图片，还能从发黄的纸页上看到摄影大家郎静山早年的集锦摄影、文学大师的手稿，领略言情小说巨擘、影剧明星、名伶的风采，有幸体验到一个逝去时代的流风雅韵。

诗情画意诗画配

《诗画配》是民国文学期刊中一个常见的栏目。或依诗作画，用绘画来表达诗的内涵和意境；或据画作诗，用诗来描绘画的内容。二者都是诗情与画意的交融。

中国诗画配艺术，最早可追溯到魏晋时期，《晋史》上有画家顾恺之“每重嵇康四言诗，因为之图”的记载。诗与画彼此渗透，互通互感。诗深化了画的内涵，画展现了诗的韵味。

1934 年 6 月创刊的《文艺风景》，编者施蛰存追求有趣味的轻文学，开了名为《诗画舫》的专栏，说：“中外古今，诗与画好像很有关系的。为企图增加读者对于诗的趣味起见，每期将有一首诗用饰绘（指配画——引者）来精印。”（《编辑室偶记》）创刊号的《诗画舫》单页彩印，再插入杂志。诗是现代派诗人陈江帆的《祝

《祝福》

福》，“祝福在病着的沙丽”。“沙丽是不健康的，她有近代人的薄命感，惯于和卫生学的禁物妥协：香槟酒和感伤小说。”漫画家郭建英以温情笔调表现病床上女郎的孤独寂寞，画面氤氲着淡淡的哀愁。

《春姿之章》（《中国漫画》第七期）同样是精致轻倩又不乏唯美风调的短笛。作者汪子美，著名漫画家，又兼有作家才情。一双“画眼”看世界，画家所描绘的春月、春雨、柳、梨花、樱桃等婀娜曼妙的春的姿态，吟哦的“盈一身绿，绿一身梦，梦一身哭，哭一身雨”

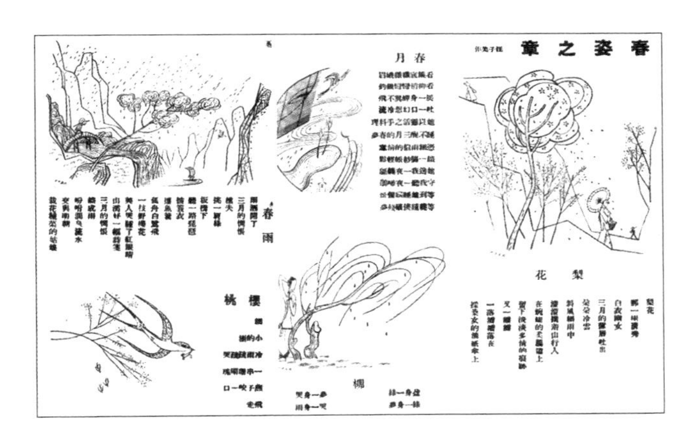

《春姿之章》

（《柳》）的春的短歌，神采韵致，与众不同。

1935 年 7 月，《漫画漫话》上洪为济和蔡若虹的诗画配《逃难》，则带给读者另一世界。“在广漠龟裂的平原上，一大群的人向前走！”这是一个村子的男女老少在逃难。孩子哭喊着：“肚子饿得实在难受！”老年人落在最后面。“这里，那里，不能停留”，“这里，那里，工作都没有”，人们陷入无路可走的绝境。画家既全景式地画出逃难的人群，又突出人群中有代表性的人物的面部特写，点面映衬，放大了诗的容量。

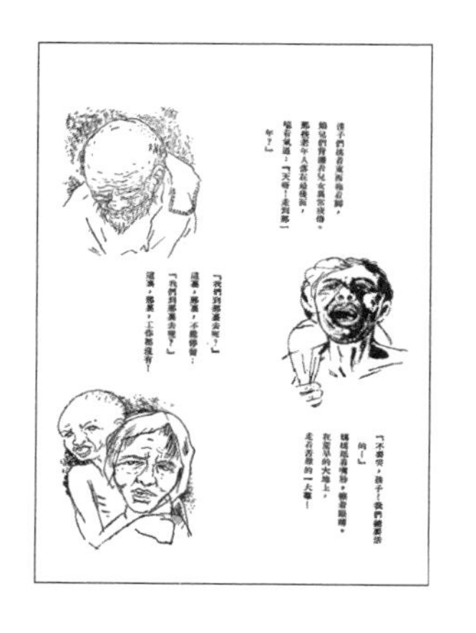

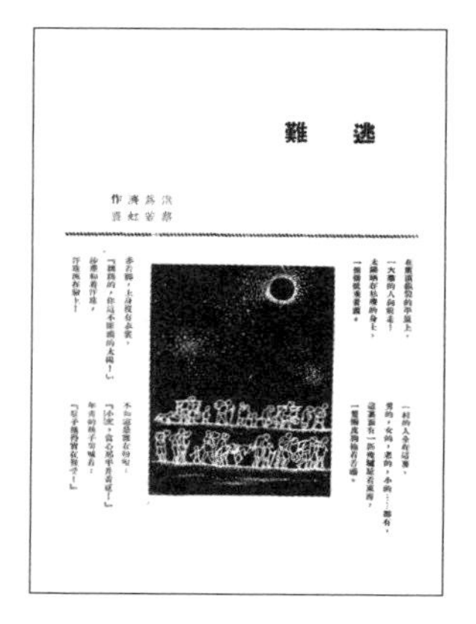

《逃难》

1936年，《六艺》创刊号的《诗与画》专栏，一共刊登了五篇诗作，每篇都配有插图。插图作者全是名冠海上画坛的漫画大家。侯汝华的《灯下》，从一根白发的回应，得到“温暖的舒适”；苏凤的《烟卷之我》，从一支烟卷，体悟“人间的隐秘”。胡考和陆志庠巧思妙构，分别以一盏油灯、一位女人的头像和一座烟灰碟、一只点燃火柴的手，再现诗意。配画在这里不仅是文字的装饰，更是一种造型的姿态，以视觉语言对短诗内容的再度阐释。

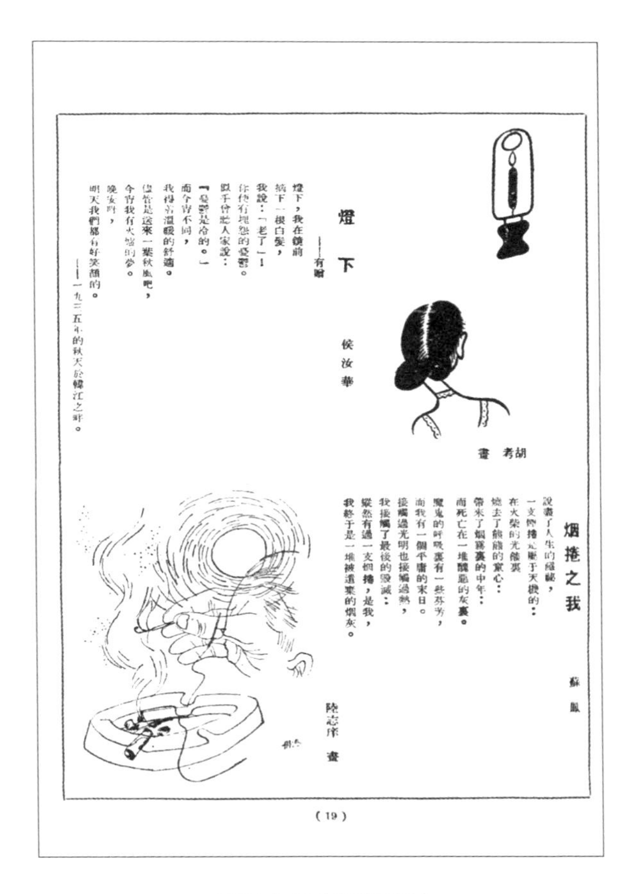

燈下

——有贈

侯汝華

燈下，我在鏡前
摘下一根白髮，
我說：「老了」！
你便有埋怨的憂鬱。
似乎曾對人家說：
『憂鬱是冷的。』
而今宵不同，
我得着溫暖的舒適。
儘管是送來一葉秋風吧，
今宵我有大膽的夢。
晚安吧，
明天我們都有好笑顏的。

——一九三五年的秋天於韓江之畔。

胡考畫

烟捲之我

蘇鳳

說盡了人生的秘密，
一支烟捲是賦于天機的：
在火柴的光餘裏
燒去了熊熊的衷心：
帶來了烟霧裏的中年：
而死亡在一堆醜惡的灰裏。
魔鬼的呼吸裏有一些芬芳，
而我有一個平庸的末日。
接觸過光明也接觸過熱，
我接觸了最後的毁滅：
縱然有過一支烟捲，是我，
我終于是一堆被遺棄的烟灰。

陸志庠畫

(19)

《灯下》和《烟卷之我》

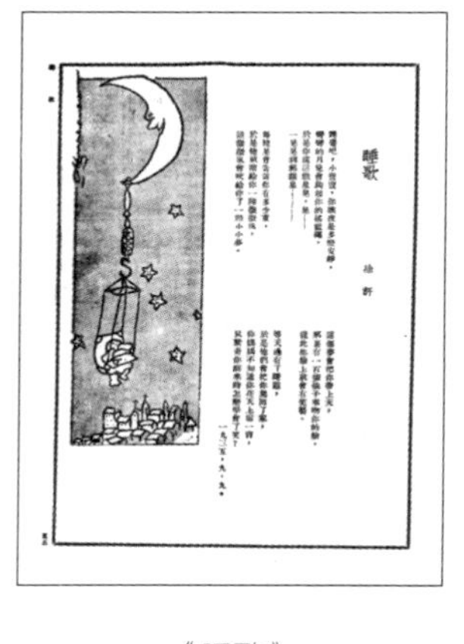

睡歌

徐訏

《睡歌》

過年

徐訏

《过年》

1936 年 3 月创刊的《天地人》，诗人徐訏主编，刊物的一个重要栏目就是《诗画配》。《睡歌》《过年》……黄苗子、古巴诸家的画作，配以徐訏、甘永柏等人的诗篇，加上别出心裁的版面设计，一期连一期地为这个仅出十期的刊物合奏出一曲华美乐章。

《夜吗！》刊发在 1948 年上海的《诗创造》杂志。臧克家的诗揭露了当局的白色恐怖，写一位“丈夫在监牢里，孩子在怀抱里”的坚强女性。浓黑夜空中的点点星光，给了她希望。黄永玉的配画强化了诗的震

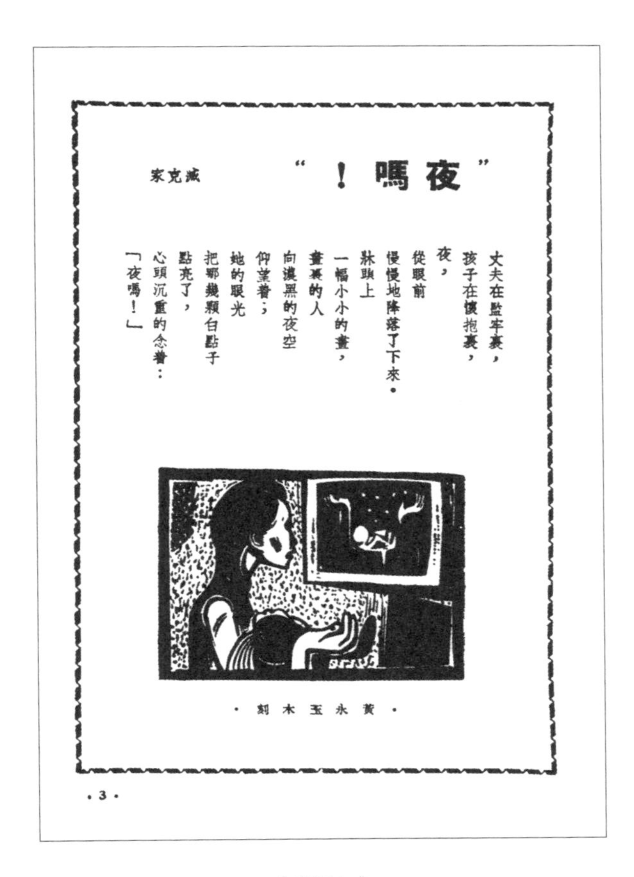

“夜嗎！”

臧克家

丈夫在監牢裏，
孩子在懷抱裏，
夜，
從眼前
慢慢地降落了下來。
牀頭上
一幅小小的畫，
畫裏的人
向濃黑的夜空
仰望着；
她的眼光
把那幾顆白點子
點亮了，
心頭沉重的念着：
「夜嗎！」

·黃永玉木刻·

·3·

《夜吗！》

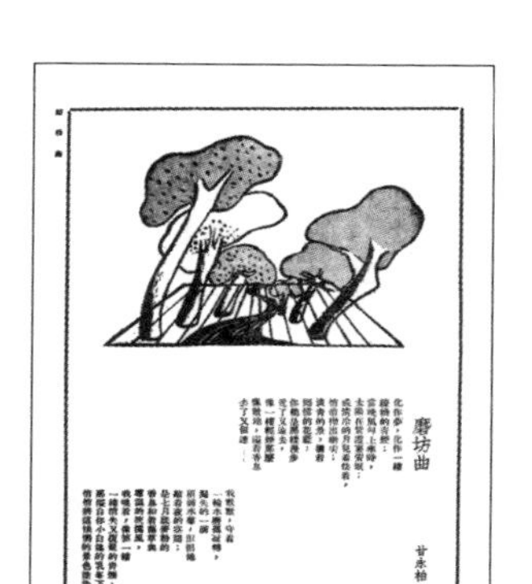

《磨坊曲》

《怀》

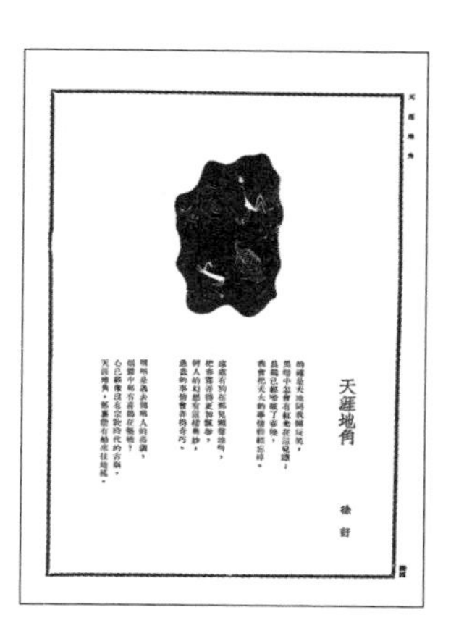

《天涯地角》

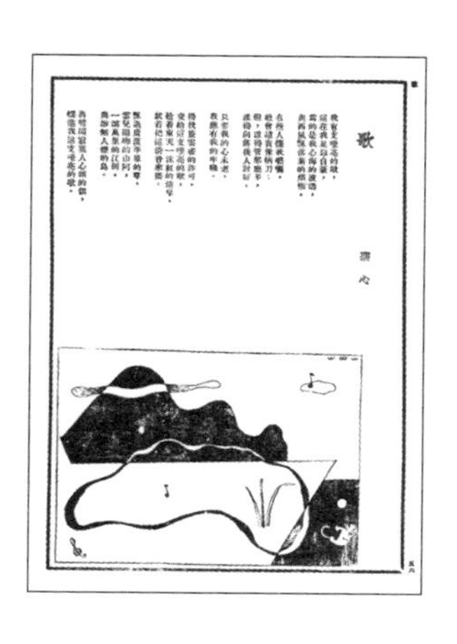

《歌》

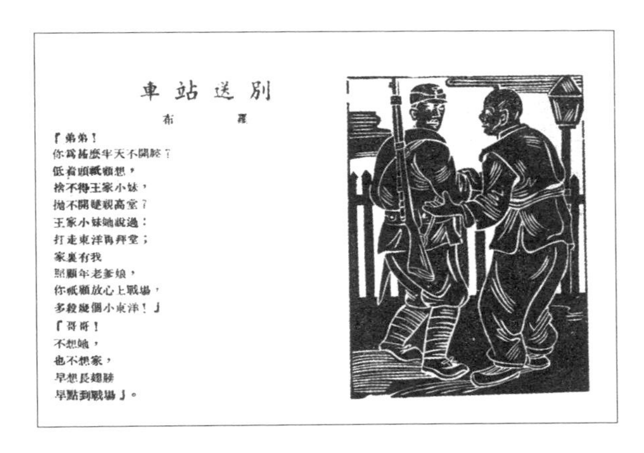

《车站送别》

撼人心的力量。

1940 年 6 月，在战时的浙江丽水创刊了《歌与画》，一本专刊诗画配的杂志。布罗的《车站送别》，一幅哥哥送弟弟入伍的木刻配上一首短诗：“弟弟！你为什么半天不开腔？低着头只顾想，舍不得王家小妹，抛不开双亲高堂？王家小妹她说过：打走东洋再拜堂；家里有我，照顾年老爹娘，你只顾放心上战场，多杀几个小东洋！”“哥哥！不想她，也不想家，早想长翅膀，早点到战场。”朴素明快的诗句道出了广大群众的抗敌心声。

张爱玲的画作

民国文学期刊中能够为自己的作品绘制插图的作家很少，女作家更为稀缺。张爱玲无疑是凤毛麟角。

小说家张爱玲最早发表在刊物上的不是小说，而是绘画。她说："生平第一次赚钱，是在中学时代，画了一张漫画投到英文《大美晚报》上，报馆给了我五块钱。"（《童年无忌》）以后的年月，从圣玛丽女中学生到上海大红大紫的作家，张爱玲的绘画兴趣始终不减。

1943年8月，《万象》刊载了张爱玲的小说《心经》。编辑柯灵在《编辑室》中专门作了推荐："《心经》的作者张爱玲女士，在近顷小说作者中颇引人注目，她同时擅长绘事，所以她的文字也有色泽鲜明的特色。"小说标题左方有八个字："本篇插绘，作者自制"。《心经》写了一个畸形的恋爱，透过伦理的表面，表现人

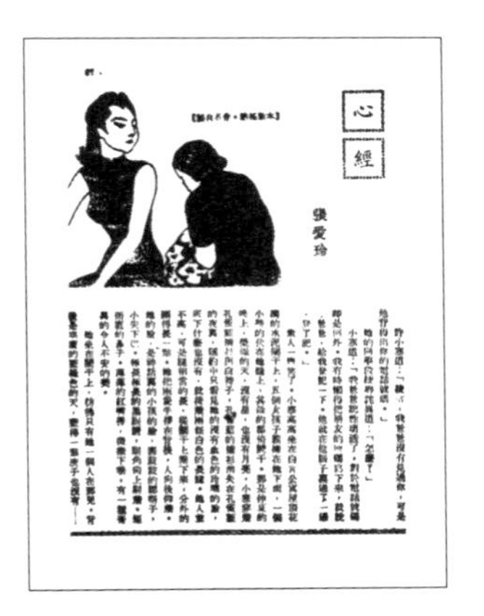

《心经》插图之一

《心经》插图之二

《心经》插图之三

《万象》

《倾城之恋》插图白流苏

《金锁记》插图曹七巧

性深处的情欲涌动，揭示了人生凄厉的一面。许小寒与父亲许峰仪的插图，许小寒的性感，许峰仪的懦弱，曲折地点出了感情的畸形。虽然画面与小说描写的情景、人物的位置并不对应，但有一种文字难以包含的意味参与了叙述。《杂志》是为张爱玲造势喝彩的推手，每次刊登张爱玲自己插图的小说或散文，编者也都要在首页题目下特别注明："张爱玲作并图"。《倾城之恋》里白流苏的"小小的脸，小得可爱"，"一双娇滴滴、滴滴娇的清水眼"；《金锁记》里曹七巧的"瘦骨脸儿，朱口

扉画《三月的风》

扉画《小暑取景》

细牙，三角眼，小山眉”，都在张爱玲的画笔之下再现。“就绘画技巧而言，张爱玲只是一个业余作者。但她对人性、对中国历史现实处境中家庭人际关系彻骨入里的领悟，使她超越了技巧的局限，以寥寥数笔，画出沪上市井各式女性的魂魄，浮现炎凉疮痍的世态。”（姚玳玫：《文化演绎中的图像》）

1944年5月，《杂志》刊载了胡兰成的《评张爱玲》，赞美张爱玲：“读她的作品，如同在一架钢琴上行走，每一步都发出音乐。”与评论配发的插图是张爱玲的

評張愛玲

(77)

幻想的自由，而圖案畫的手法愈抽象，也愈能放恣地發揮她的才氣，並且表現她對於美寄以宗教般的虔誠。

她一次對我說，她最喜歡新派的繪畫。新派的繪畫是把形留作成圖案，而以顏色來表現象徵的意味的。它不是實事實物的複寫，却幾乎是自我完成的創造。我想，是因此之故，特別適宜於她的年齡與才華的吧。她曾經給我看過她在香港時的繪畫作品，把許多人形畫在一幅畫面上，有善於說話的女人，低層順眼請示主人的女廚子，房東太太，舞女等等。她說是因爲當時沒有紙，所以畫在一起的，但這樣的畫在一起，却構成了古典的圖案。其中有一幅是一位朋友替她塗的青灰的顏色，她讚嘆說：「這眞如月光一般」，我看了果然是幽邃，靜寂得使人深思的。

她的小說和散文，也如同她的繪畫，有一種古典的，同時又有一種熱帶的新鮮的氣息，從生之虔誠的深處迸湧出生之潑剌。她對於人生，恰如少年人的初戀，不是她的對像眞有這樣美，這樣崇高，却是她自己的青春創造了美與崇高，使對像深化了。

和她相處，總覺得她是貴族。其實她是清苦到自己上街買小菜。然而站在她跟前，就是最豪華的人也會感受威脅，看出自己的寒傖，不過是暴發戶。這決不是因爲她有着傳統的貴族的血液，却是她的放恣的才華與愛悅自己，作成她的這種貴族氣氛的。

貴族氣氛本來是排他的，然而她慈悲，愛悅自己本來是執着的，然而她有一種忘我的境界。她寫人生的恐怖與罪惡，殘酷與委曲，讀她的作品的時候，有一種悲哀，同時是歡喜的，因爲你和作者一同饒恕了他們，並且撫愛那受委曲

張愛玲自畫像

张爱玲自画像

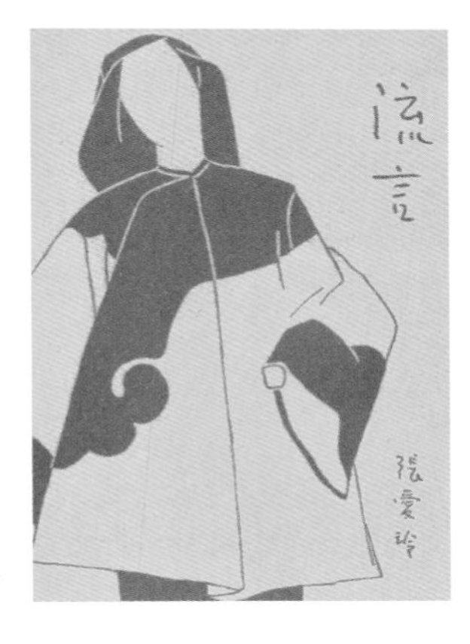

《流言》

《传奇（增订本）》

自画像。“这是一帧剪影，与《流言》封面上的人物一样面无五官，然而从画中人两手背在身后，驻足而立，似有所待的姿态里，确乎见到张爱玲青春的一面，同时那姿态也见出对自己的爱悦，虽然还反映不出胡兰成所说的那份‘跋扈’。”余斌说，“张也正于成名的喜悦之外，经历着与胡兰成欲仙欲死的热恋，自画像可以视为那时心境的某种写照，与胡的文章放在一道，则又是以才子才女的方式为那段乱世之恋留下的小小见证了。”（《张爱玲传》）

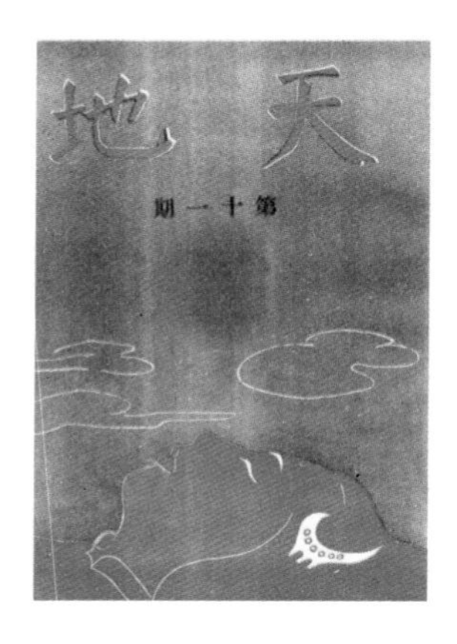

《天地》

《苦竹》

《杂志》还邀请张爱玲为扉页作画。1944 年连续七期，张爱玲先后画了《三月的风》《四月的暖和》《小暑取景》《跛扈的夏》《等待着迟到的爱》《新秋的贤妻》《听秋声》七幅扉画。张爱玲素来喜欢奇装异服，画中妙龄女郎的服饰或方肩束腰洋装，或中袖旗袍，别致新潮，“充溢着一种潇洒脱俗的女才子的装饰感、生命感和时髦感”（杨义：《新旧文学鸿沟在〈万象〉的填补》）。张爱玲的原意似在用女人象征季节的转换，只是冬天还没到，《杂志》就停刊了。

张爱玲设计的期刊封面，大概只有《天地》。论者万燕曾作如下解读：“一个女子躺在天地之间，神思遨游。天上有云朵浮飘，她自己就像大地，五官的轮廓像起伏的山峦河流，发髻像月牙儿在大地上的投影。”“她是未来的地母，有兽一般肉感的身体，云一般自由的思想。”（《生命有它的图案》）《苦竹》的封面，说的是炎樱设计，实际也许是张爱玲操刀。《苦竹》的刊名缘自张爱玲《诗与胡说》，文中引用周作人翻译的一首日本诗：“夏日之夜，有如苦竹，竹细节密，顷刻之间，随即天明。”斜切画面的绿叶披拂的竹竿，竹叶活跃肥大，浓郁里一片新翠，确有夏夜苦竹的诗意，散发出一种东方纯正的美。

饰图的趣味

民国文学期刊装帧，饰图是次于插图的又一大设计元素。

饰图，即用来装饰文字及书的图画。郑振铎在《插图之话》中说："所谓饰图，便是用图画来饰美写的或印刷的书本的，或用颜色及金（偶然也用银）来作饰美文字的图案的。"他认为，饰图与插图不同，"插图的功力在于表现出文字的内部的情绪与精神，饰图则仅为用来装饰文字的外形而已。"但是，他指出："有的饰图，却亦为表现文字的一部分情绪与观念的插图所组成的，这使饰图有了更有趣的更深挚的意味。"

饰图主要有：栏图、题图和扉画。

栏图和题图分别是栏目标题与文章标题的装饰。1926年创刊的《一般》，为学术性与文学性兼具的杂志，

《一般》题图之一

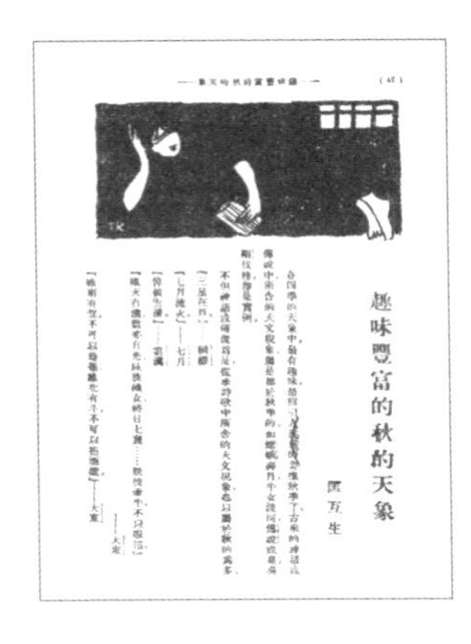

趣味豐富的秋的天象

匡互生

《一般》题图之二

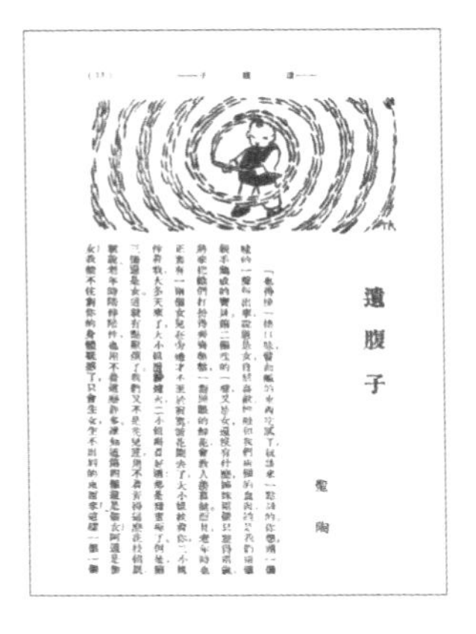

遺腹子

《一般》题图之三

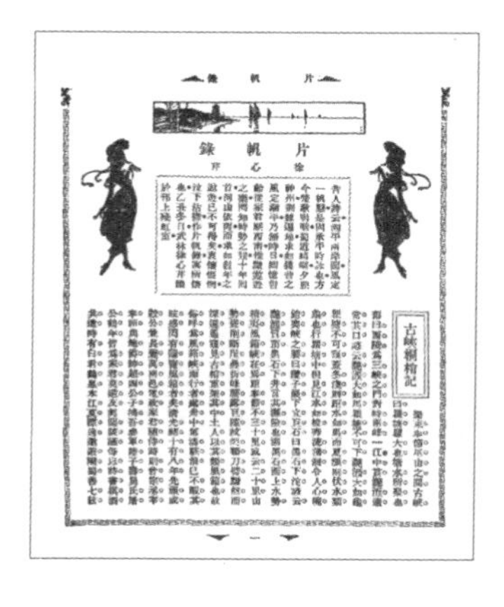
片帆錄

《紫罗兰》题图之一

玉笑珠香

第二回

包天笑著

《紫罗兰》题图之二

主要撰稿人皆一时名家。丰子恺配的题图，横幅画面内或人物或风景，形象简洁，内容多样。《小说月报》的题图最初只是一般的图案，后来设计的题图手法灵活，高度与版心一致，均为竖长画面。《东方杂志》的题图，部分似出自莫志恒之手，黑白图案，但有点拘谨稚嫩。《幻洲》上叶灵凤的栏图、题图，同样有着比亚兹莱的味道。《紫罗兰》等杂志的题图，雅俗兼具，以洋装和中装的妙龄女郎形象为主体，或剪影或白描，妩媚浪漫中有着一抹香艳。

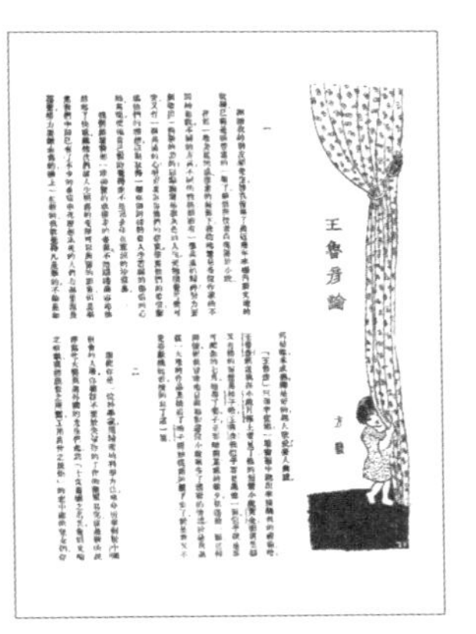
王魯彥論

方璧

《小说月报》题图之一

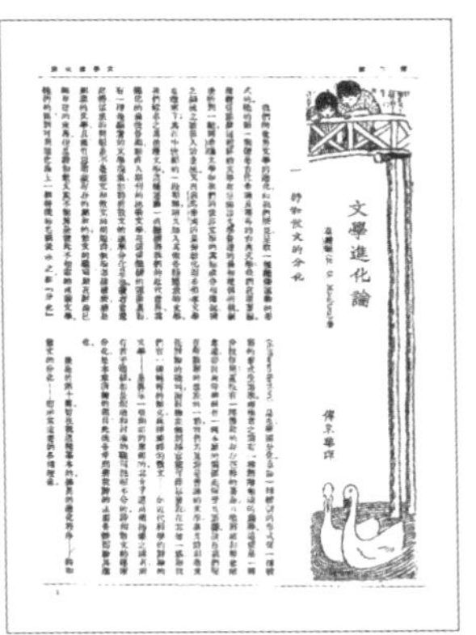
文學進化論

傅東華譯

《小说月报》题图之二

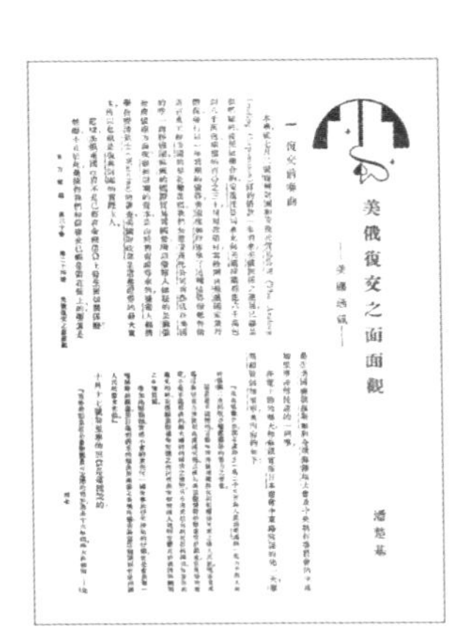
美俄復交之面面觀

潘楚基

《东方杂志》题图之一

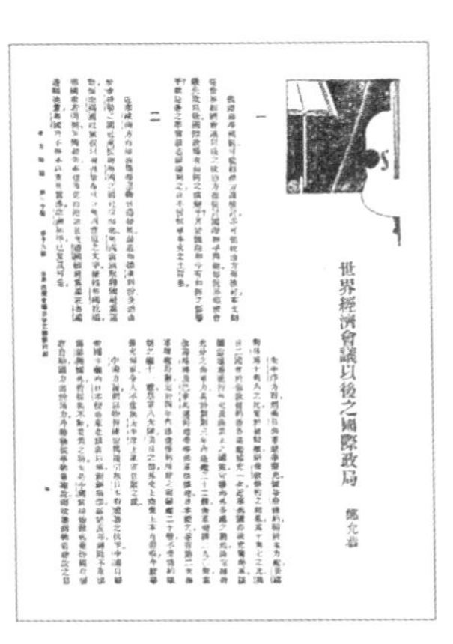
世界經濟會議以後之國際政局

《东方杂志》题图之二

《幻洲》题图之一

《幻洲》题图之二

《幻洲》题图之三

《幻洲》题图之四

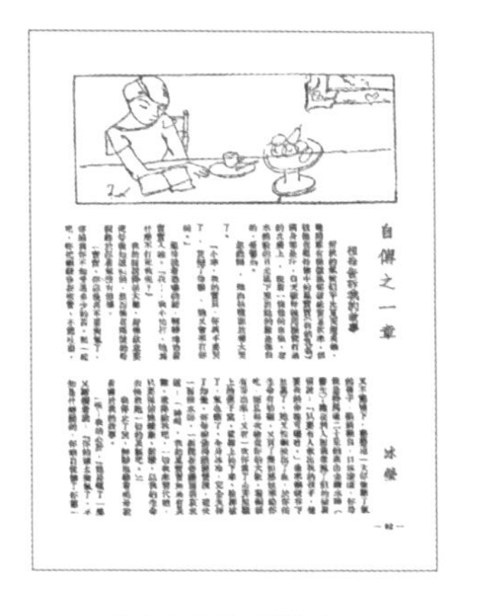
自傳之一章

冰瑩

《宇宙风》栏图之一

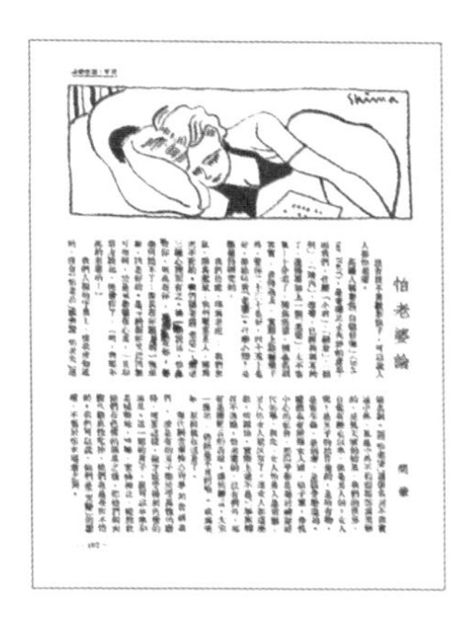

怕老婆論

《宇宙风》栏图之二

1936年出版的大型文学杂志《作家》，孟十还主编，大量运用了题图。题图因作品的体裁不同而形式不同，美不胜收。所刊小说几乎每篇都配有大的题图。大部分题图取原作内容的一端，或一个人物，或一处场景，甚或是一件物品，与文章引申互补，彼此生发。萧红的《马房之夜》写一对少年伙伴老年的一次相聚，题图之一中的人影、马首，朦胧间充满温情。芦焚（师陀）的《里门拾记——村中喜剧》写农村风情，嘲弄男性权威，题图之二突出了“一双绣花女鞋”，无疑

《作家》题图之一

是画龙点睛。再如题图之三欧阳山的《疯狂教授俞本夫》和题图之四荒煤的《黑子》等，大都是对作品内容的一点诠释。诗作的题图常用对页，篇幅较大。题图之六，余在春的《拉夫》中空阔的原野，突出了痛苦的死寂。题图之七，花贤的《你现在是改变了》人物间留下了空白版面，也留下了诗人为一个女性消沉的哀叹。

扉画是扉页上的装饰图画。扉页，即一本杂志翻开封面的第一页，无论是大型杂志，还是小杂志，都不会忽略扉页的装饰。即使不专为扉页创作扉画，至少

里門拾記

蕭乾

[illegible]

463

《作家》题图之二

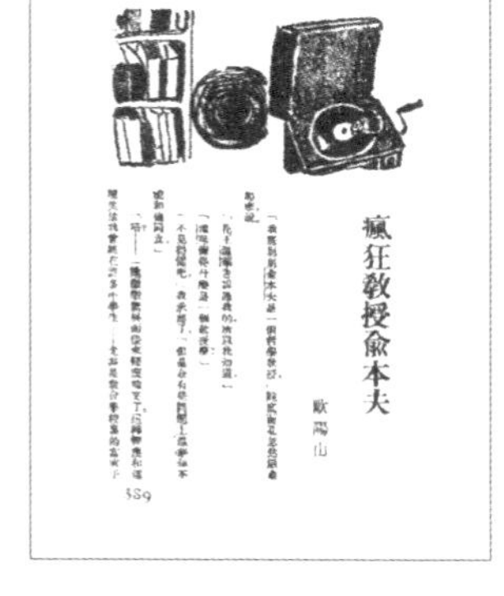
瘋狂教授俞本夫

歐陽山

[illegible]

389

《作家》题图之三

黑子

荒煤

[illegible]

504

《作家》题图之四

普利安先生

鄭伯奇

[illegible]

788

《作家》题图之五

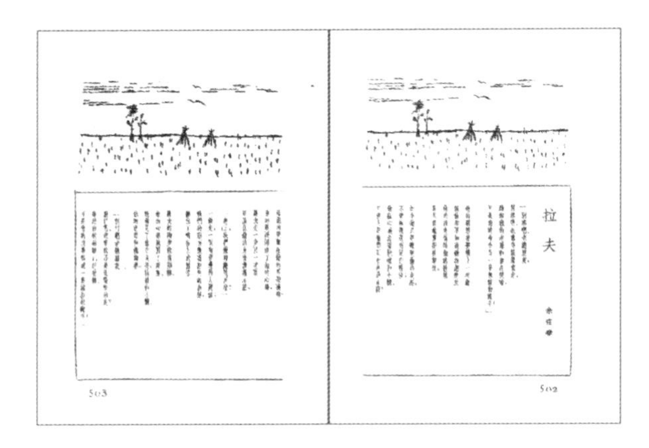

《作家》题图之六

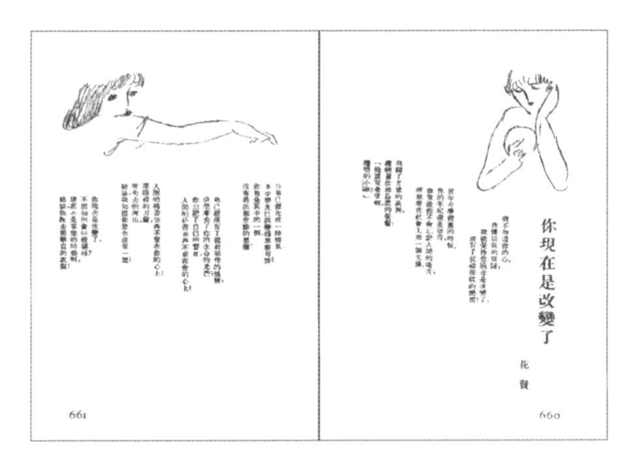

《作家》题图之七

《小说月报》扉画之一

《小说月报》扉画之二

也要选刊一帧适合的图画，放置在这开卷的首页，为杂志平添一分光彩。

《小说月报》早期的扉画大多是选用外国绘画作品，缺少整体的计划与安排。不过，1928 年出版的第十九卷杂志，却给人一个大的惊喜。这一年十二期扉画全是丰子恺的作品。从元旦伊始到春节来临之前，每期一幅，每幅截取普通生活的一个断片，题名依次为《新年》《春望》《柳燕》《落花》《书信》《蕉窗》《秋千》《星夜》《琴夜》《菊花》《雪夜》《炉边》。

《一般》扉画

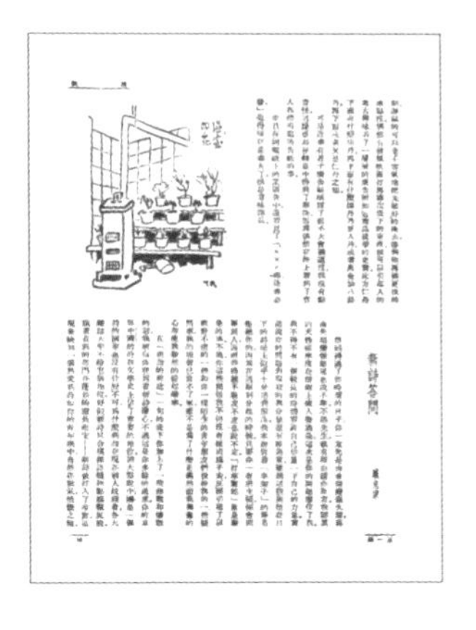

《太白》补白之一

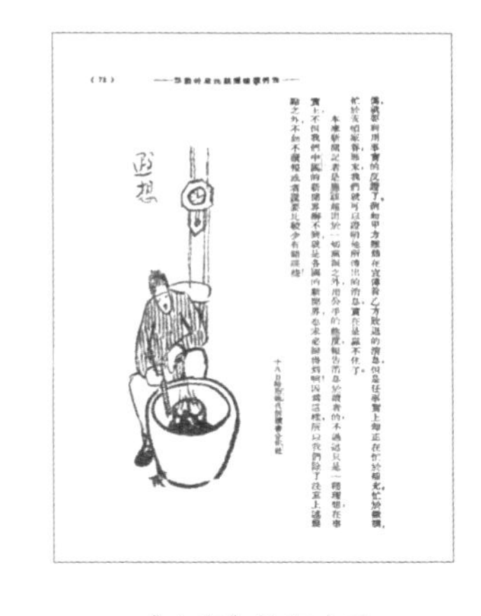

《太白》补白之二

读者看到一位年轻的女性在柳枝袅娜、双燕齐飞的春日凭栏远眺，夏日蕉叶浓阴中临窗读书，冬日寒夜里围炉编织。画面自然恬静，温馨弥漫。一只猫串联起片段画面而成为一个故事，方寸之间顿时充满了生机。

杂志上有的文章的末尾，版面会留下一定的空白，编者以人物、花卉的小图来装饰。20世纪30年代的《太白》杂志，常用丰子恺的漫画补白，逸笔草草勾勒出的世态画与社会相，妙趣横生。

竖排与横排

民国期刊通行竖排，即每行文字由上而下竖排成行，每页行序自右向左展开。这是中国书籍印订的传统，与古代书写顺序保持一致。

竖排的主流之外，也有横排的期刊，即按照每行文字由左向右、每页行数自上而下的顺序排列。

1915年9月出版的《青年杂志》（第二卷起改名《新青年》），陈独秀编辑。创刊号上，陈独秀的译文《妇人观》采用了横排，译文与原文英文左右对照。陈独秀的朋友钱玄同力主横行。1917年5月，他在《新青年》第三卷第五号上发表《致陈独秀》，提出“横行与标点”：“我固绝对主张汉文需改用左行横迤，如西文写法也。”理由是：“人目系左右相并，而非上下相重；试立室中，横视左右，甚为省力，若纵视上下，则一仰一俯，颇

Thoughts on Women.

By Max O'Rell

1. Woman is an angel who may become a devil, a sister of mercy who may change into a viper, a ladybird who may be transformed into a clinging-[illegible].

Sometimes she never changes, and all her lifetime remains angel, sister of mercy, ladybird and sweet fragrant flower. It depends a great deal on the gardener.

2. The Lord took from man a rib, with which he made a woman. As soon as this process was finished, woman went back to man, and took the rest of him, which she has kept ever since.

3. Women were not born to command, but they have enough inborn power to govern men who commands, and, as a rule, the best and happiest marriages are those where women have most authority, and where her advice is oftenest followed.

4. A man may be as perfect as you like, he will never be but a rough diamond until he has been cut and polished by the delicate hand of a woman.

婦人觀

獨秀譯

一、婦女，天人也，[illegible]

二、[illegible]

三、夫女子[illegible]

四、任人之[illegible]

Max O'Rell (1848-1903) 法蘭西人也。本名 Paul Blouet [illegible] St. Paul's School [illegible] John Bull and His Island [illegible] New York Journal [illegible]

《妇人观》原文与译文之一

5. There are three kinds of men: those who will court temptations and resist them, those who avoid them for fear of succumbing, and those who seek them. Among the first are to be found only men whose love for a woman is the first consideration of their lives.

6. Men who always praise women do not know them well; men who always speak ill of them do not know them at all.

7. Men study women, and form opinions, generally wrong ones; women look at men, guess their character, and seldom make mistakes.

8. It is a great misfortune not to be loved by the one you love, but it is a still greater one to be loved by the one whom you ceased to love.

9. I am not prepared to say that celibacy is preferable to marriage. It has, however, this decided advantage over it: a bachelor always ceases to be one the moment he has discovered that he has made a mistake.

10. A woman knows that a man is in love with her long before he does. A woman's intuition is keener than her sight; in fact, it is a sixth sense given to her by nature, and which is more powerful than the other five put together.

五、[illegible]

六、[illegible]

七、男子[illegible]

八、[illegible]

九、[illegible]

十、[illegible]

上帝取 Adam 之肋骨造 Eve [illegible] [illegible] celibacy is preferable (寧取) to marriage [illegible] nature = 天然

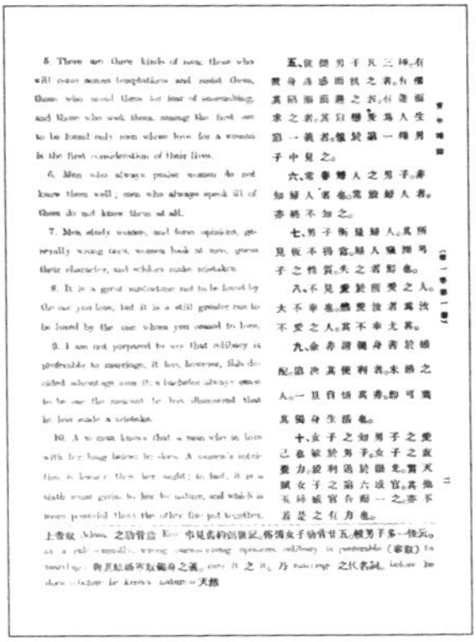

《妇人观》原文与译文之二

为费力。以此例彼，知看横行较易于直行。且右手写字，必自左至右，均无论汉文西文，一字笔试，罕有自右至左者。然则汉文右行，其法实拙。”钱玄同说：“我极希望今后新教科书从小学起，一律改用横写，不必专限于算学理化唱歌教本也。”陈独秀对钱的意见“极以为然”，但除了为便于中英文阅读偶有横排的变通，《新青年》文字一直竖排，也许是考虑到横排会有许多难以解决的实际困难。

期刊横排较早的是《学艺》，一本科学普及杂志。

《学艺》

整理中國地租計畫

德國大學教授

Otto Israel 著

目次

第一篇 導言

《学艺》版面之一

这里的“科学”，既有人文科学，也有自然科学。《学艺》由中国留日学生组织的丙辰学社（后改组为中华学艺社）创办。从1917年4月创刊，到1956年7月停刊，文字始终横排。其中有三年时间，更是文理分版，“每奇数号登载关于社会科学论文，每偶数号登载关于自然科学论文”。如第十一卷第一号和第二号刊登的文章即是如此。这实在是期刊史上的超前之举。

文学类横排的期刊，1922年7月出版的《创造》季刊第一卷第二期当为民国最早。“中国文艺杂志成

《创造》季刊《湘累的歌六曲》首页

《大家》

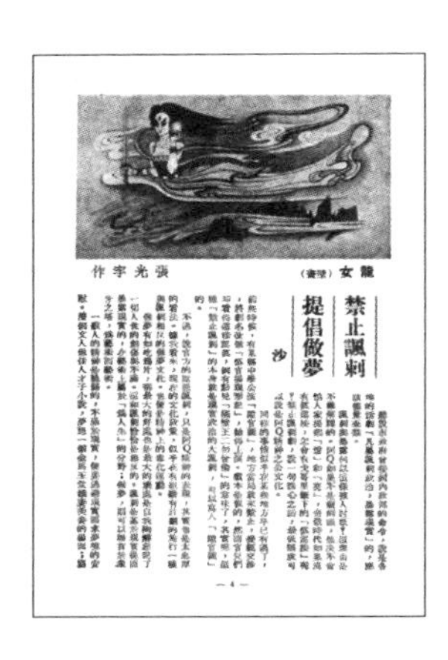

龍女（壁畫）　張光宇作

禁止諷刺
提倡做夢
沙

《大家》版面之一

我不能忘記的一個演員
吳祖光
小丁作圖

《大家》版面之二

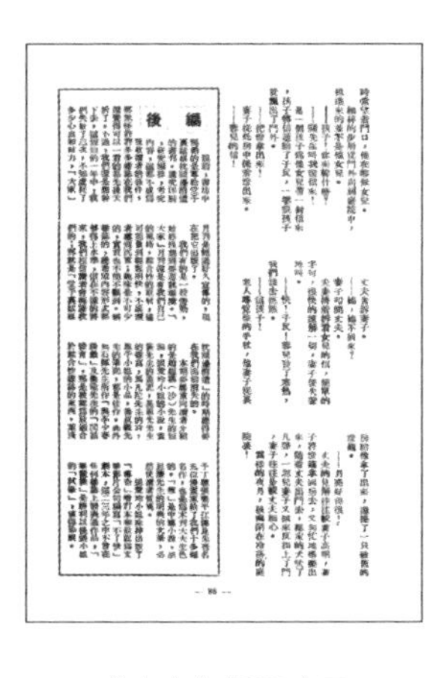

編後

《大家》版面之三

《南国》

序南國月刊創刊號

想要發行南國月刊有好久了。直到今日纔得實現！

無論過去何等辛酸，將來何等艱難，但現在能夠實現這久想實現的東西是多麼愉快的事。

由這月刊我想慢慢地發表幾篇比較有自信的，比較堅實的作品。同時想慢慢地吐露一些我的和我們的文藝觀，社會觀。

在過去的中國文壇上我所呈獻的花環，實在太幼稚了，太破碎了。但我也不悔，因爲那也是對的，一個小孩子不能因爲他的話太幼稚了，太破碎了，便放棄他說話的權利。那些紙

《南国》版面之一

为横写的是以这第二期（《创造》季刊）为初次。”这是作家陶晶孙由亲历而得出的结论。陶氏早年留日，与郭沫若等同为创造社的元老。他写的《湘累的歌六曲》是赠给郭沫若夫人安娜的歌，在第一卷第二期《创造》季刊首发。这年3月15日出版的第一卷第一期《创造》季刊是竖排的，第二期也应竖排。但是，因为要刊出《湘累的歌六曲》的全部曲谱，陶晶孙说：“从这个动机，《创造》全本变为横排。”（《记创造社》）这期杂志的编辑就是郭沫若，他在同期的《编辑余谈》中说：“我

觉得横行要便利而优美些，所以自本期始，以后拟一律横排；第一期不久也要改版，以求划一。”他评价横排，“其功不在改为口语与采用西洋标点之下”。

鲁迅主持或参与编辑的刊物，文字横排的有《译文》《海燕》《现实文学》《文学丛报》《散文》《小说家》等。胡风回忆：“正文采用横排。这是鲁迅编《奔流》开始采用的，但没有能够推行，因为工人不习惯，要多费力费时，排字费得增加百分之二十。《海燕》是自己筹办的小刊物，但还是决然采取了这项革新。”（《胡风自传》）

竖排和横排各有所长。《大家》是1947年4月出版的文艺杂志，著名报人唐大郎主编。竖排文字，变化为通栏、上下两栏、三栏以及四栏等多种排列方式，版面呈现出错落有致的形式美感。1929年，田汉主编的《南国》，文字横排，天宽地阔，版面语言流畅。横排在遇到西文人名或地名时即可夹入行中，这是竖排所不具有的便捷之处。

版面的美化

版面美化是文学期刊装帧的一个重要课题。

文字字体的类别、字号的大小、排列的方向、行距与字距的疏密以及留白等诸多内容，都是这一题目中的应有之义。天头、地脚，版心左、右留出的适当空白，黑白相映，虚实反差，往往创造出别样的版面风采。

《希望》的《碑》，一首诗占了一页。诗排在下方，上方四分之三的篇幅是大的空白，整个版面俨然是一座丰碑，屹立在读者面前。诗句也就印刻在读者的心中："碑/是死者/活在活人心里/不灭的记忆""要活向无穷/要活向永远"。

《人间世》是林语堂主编的品牌刊物，1934年4月创刊，次年12月终刊。发刊词中申明小品文"本无范围，特以自我为中心，以闲适为格调"，"宇宙之

碑

憶　谷　素

為偉大的死者
我們造碑……

碑
是死者
向世界飛去的足跡
碑
是死者
活在活人心裏
不滅的記憶

太陽在碑前
升起又沉落
風打碑身流過
花草在碑下
盛開又謝落
而碑屹立着
碑給人們的記憶
要活向無窮
要活向永遠

《希望》版面之一

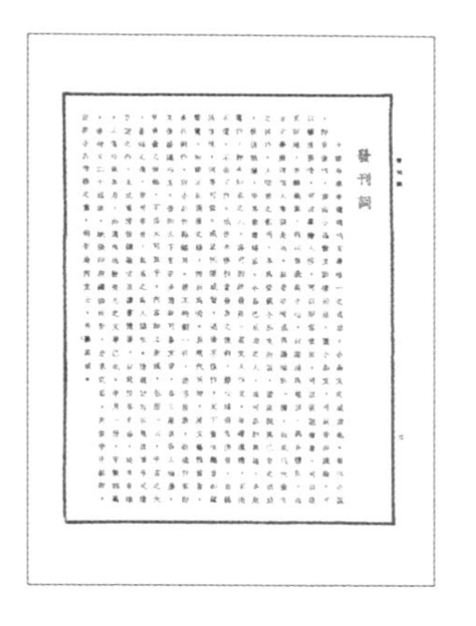

發刊詞

《人间世》版面之一

論書法三則

胡蘭成

《人间》版面之一

大，苍蝇之微，皆可取材”，称得上广为人知的名句。全文仿宋字体，按照古籍的版式，通栏，外加线框，框右小字是文章篇名和页码。胡兰成的《论书法三则》刊于 1943 年出版的吴易生主编的《人间》。同样是文字外加线框，框外小字则依次标出刊名、卷期数、作者、文章篇名和页码。文字上部书眉的位置有与内文相对应的提要，如“艺术味”“书法所表现的不是感情而是气氛不是造像而是风格”“艺术与科学”等。文字简洁，字号很小。版面采用中国古籍的装帧元素，营造一种

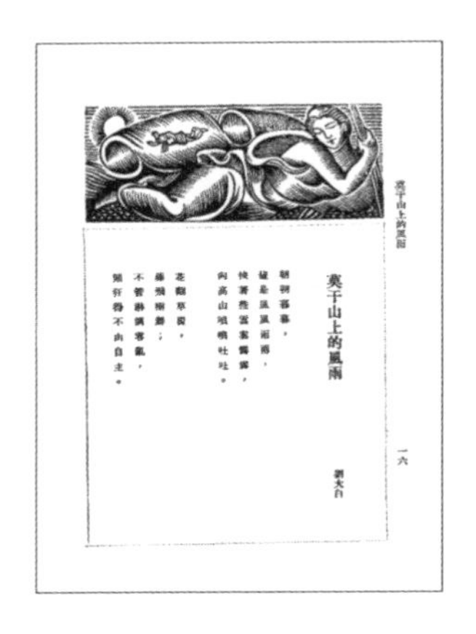
莫干山上的風雨

莫干山上的風雨

劉大白

一六

《诗与散文》版面之一

《当代诗文》版面之一

古色古香的氛围。

美化版面空间的利器自然是饰图和插图。

饰图的美化，常用的是花纹带或边框。1929 年出版的《诗与散文》和《当代诗文》，三十二开本，内文道林纸印刷。每一页上部都有花纹装饰，异常精美。20 世纪 20 年代初的《半月》是异形狭长的开本，版心较小，仅占一页篇幅的短章，外围常常加上边框美化使普通的点、线、面有了律动的节奏。《作家》杂志的散文、杂文，如鲁迅的《半夏小集》、靳以的《渔》

《半月》版面之一

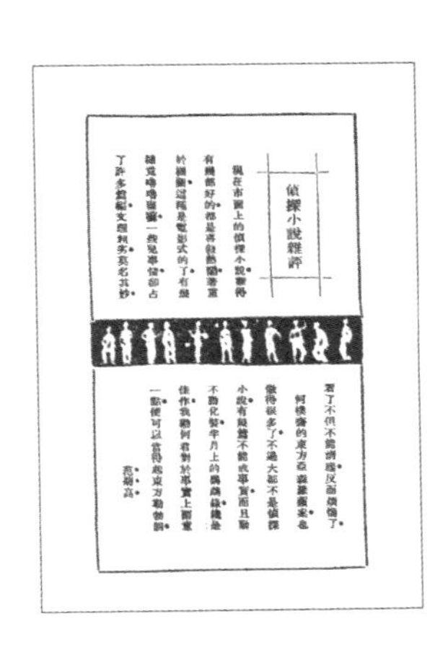

偵探小說雜評

《半月》版面之二

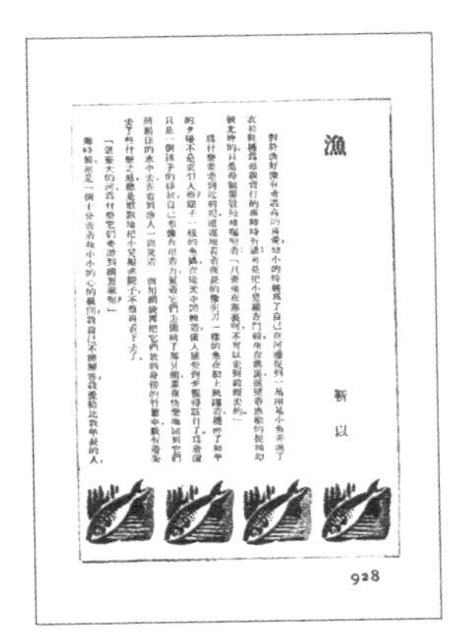

漁

靳以

928

《作家》版面之一

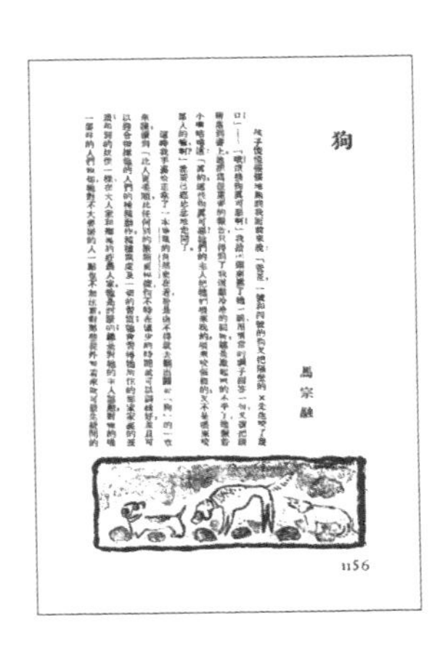

狗

馬宗融

1156

《作家》版面之二

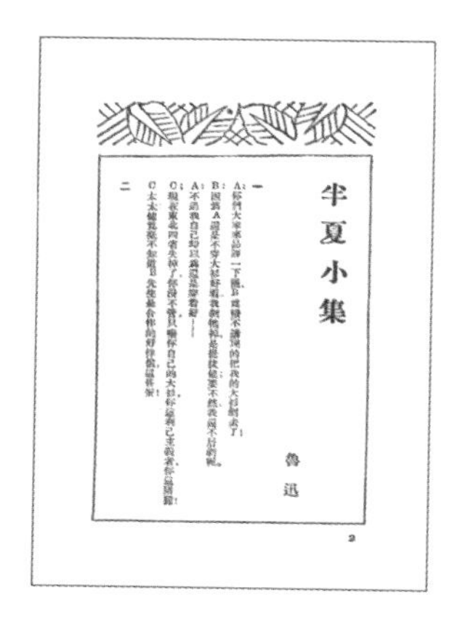

半夏小集

魯迅

一

二

《作家》版面之三

《笔谈》版面之一

和马宗融的《狗》等，则是分别在每一页的上边或下边配以不同的连续图案，与其他文章加以区分。

插图与版面的配合，大小各异，不拘一格。《新小说》和《生生》的插图有的占一个版面或两个版面，声势夺人。《耕耘》更后来居上。1940 年 4 月出版的文艺杂志《耕耘》，主编是当时年仅二十三岁的郁风。年轻的女画家第一次编杂志，但在张光宇指导下，出手不凡。十六开本，四十余页的篇幅，图版占一半以上。郁风说："每篇文章尽可能有图版配合，而且要舍得

《耕耘》版面之一

《耕耘》版面之二

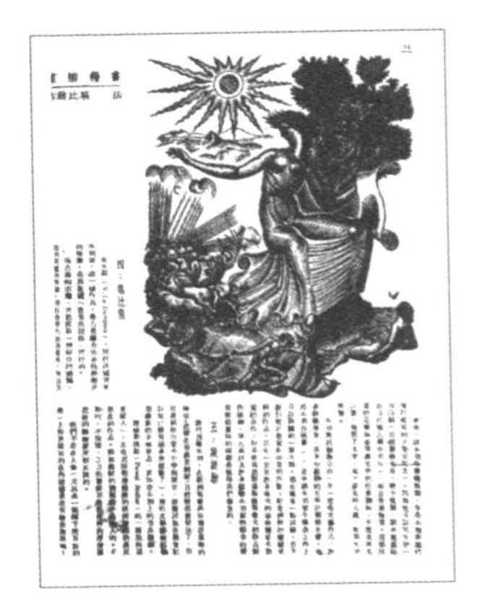

《耕耘》版面之三

《耕耘》版面之四

篇幅，不是鬼头鬼脑的小豆腐干。单独发表的美术作品就更是常用满版。”《现代木刻五家》以四页篇幅、五幅图片介绍了五位外国木刻大家，图文穿插，版面大气磅礴又极富美感。作家冯亦代称赞《耕耘》是“文学与绘画的孪生儿”（《戴望舒在香港》）。今日看来，依然赏心悦目，令编辑出版行家为八十年前就有如此高新的设计而惊叹不已。

文学期刊的版面也曾留下时代的印记。1941 年 9 月 1 日在香港创刊的《笔谈》，茅盾主编。《两周间》是《笔谈》首页的时论专栏，值得注意的是文中的“□”。当时香港在英国治下，禁止抗日言论，凡是抗日的文句一律不得在报章杂志上出现。《笔谈》编者在文中（不限于《两周间》）用开天窗表示抗议。版面上大量的“□”无言地记录下这一页沉痛的历史。

五彩缤纷的画页

民国文学期刊有不少在正文之前或之中，有四至八页刊载绘画、摄影、书法等图片的专页，单色或彩色印刷。放置于正文前面的画页，称刊前页或卷首页。

画页是文学期刊创刊时就会认真筹划的重要栏目。《小说月报》创刊号编者在《编辑大意》中说：“本报卷首插图数页，选择綦严，不尚俗艳。”杂志目录上，画页占据了显要醒目的位置，只是名称不一。《小说月报》列入《插图》栏目，总目中却又归于《图像》一栏，《东方杂志》中这个栏目的标题是《卷首插图》，《文学》中则标为《文学画报》（也称《画报》），《现代》的目录中标题为《画》。

画页多姿多彩，囊括中外古今。《现代》第一卷第四期的画页图片就有法国作家运动会、苏联雕塑名作、

《红字》

《吉诃德先生与马利妲》

王济远战区写生、陈树人个展和文艺讽刺画共五个部分十七个小题。中国书画和西洋名画的推介常是画页的重点。

中国书画，从古代画家的传世经典，到明清倪云林的墨竹、黄道周的草书、文彭的篆刻、高其佩的指画等，都上了画页的版面。

马奈、德加、凡·高、列宾等著名画家，油画、水彩、木刻、素描、速写等各个画种的西洋名画，《堂吉诃德》《红字》等名作插图，20世纪的新潮美术均由画页进

《讲演》

《玻璃样的白昼》

入中国读者的视野。意大利未来派画家塞维里尼的《讲演》，德国表现派画家埃里希·黑克尔的《玻璃样的白昼》，给读者带来了全新的视觉感受。

20 世纪 30 年代前后已星光四射的中国画家，画页都作过介绍。留学法国的林风眠曾去德国采风，《柏林咖啡馆》描绘了第一次世界大战之后德国普通人的生活，色彩斑斓，摇曳生辉。徐悲鸿的《汲水》和刘海粟的《休息》各有不同的画风笔触。许敦谷和陈抱一毕业于日本东京美术学校，《梵哑铃弹奏者》和《苏

《柏林咖啡馆》（林风眠）

《汲水》（徐悲鸿）

《休息》（刘海粟）

《梵哑铃弹奏者》（许敦谷）

堤春晓》表现了中国第一代油画家的作品风貌。

陶元庆是一位具有现代性和民族性的画家，存世画作不多，但《小说月报》画页竟有《卖轻气球者》《落红》《村》多幅刊载，弥足珍贵。学者钟敬文评论："他的绘画的取材表现等方法，虽大概属于西方的，但里面都涵容着一种东方的飘逸的气韵。"(《陶元庆先生》)

画页给人以知识营养和审美怡悦，为期刊点染上一笔浓墨重彩。

民国文学期刊普遍重视画页的制作，用纸要好，印

《苏堤春晓》（陈抱一）

制要精，有的彩页前还要加覆一张硫酸纸以减少磨损。众多期刊的画页，以种类繁多见丰富，以作品优质上档次，以不断推出显气势，争奇斗艳，五彩缤纷。《六艺》画页，每期分成《六艺文坛》《六艺画苑》《六艺舞台》《六艺银幕》四页，全部道林纸精印，赏心悦目。《紫罗兰》的画页称《紫罗兰画报》，每期四版，文图铜版双色印刷，折叠式装订。编者自许“图画与文字并重，以期尽美，此亦从来杂志中未有之伟举”。

《卖轻气球者》（陶元庆）

《落红》（陶元庆）

《村 》（陶元庆）

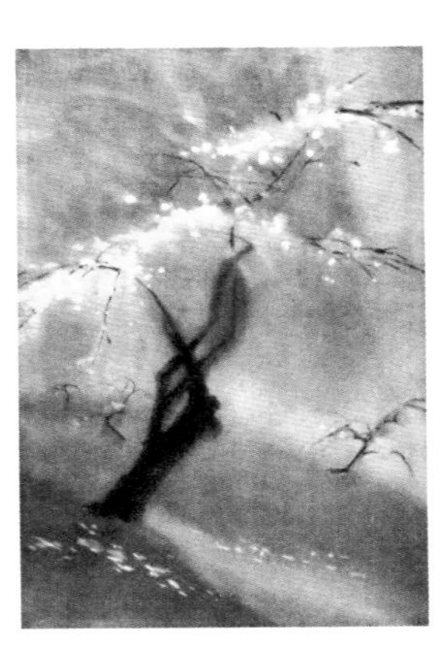

《三分春色二分愁更一分风雨》（孙福熙）

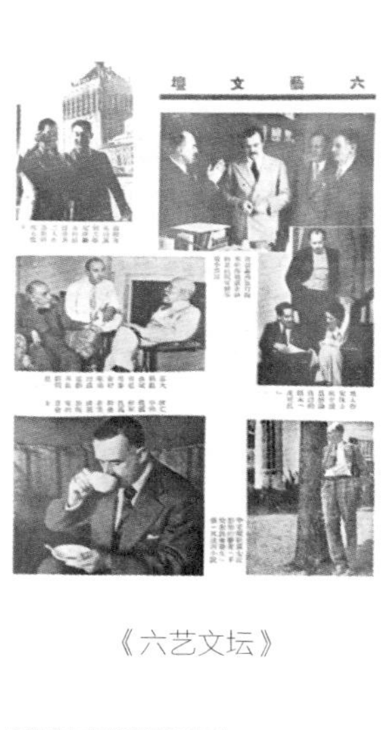

《六艺文坛》

《六艺画苑》

《六艺舞台》

《六艺银幕》

紫羅蘭畫報

《紫罗兰画报》版面之一

紫羅蘭畫報

《紫罗兰画报》版面之二

紫羅蘭畫報

《紫罗兰画报》版面之三

紫羅蘭畫報

《紫罗兰画报》版面之四

目录页和版权页各有千秋

目录页和版权页是一本期刊必须具有的两项内容。

目录页的作用在于定位和检索。目录上显示的文章页码应该与内文的页码对应，但中国古籍是以双页为一页，版口处的数字不能确切地标示每个单面的码数。早期期刊的目录上只有栏目和文章题目，并没有页码。以后加上了页码，却是以一篇或一个栏目内的几篇文章为起讫编排顺序。我们现在看到的文章题目后边（或下边）排出页码，页码与文章在杂志的实际位置吻合，这类目录样式是以后的事情了。当时，期刊页码大多是每期单标，有的则是期与期连续编排，即第二期的首页紧接第一期的末页记数。

目录页的装帧主要在饰图的变化。目录以对页为设计单位，用整条的饰图打通左右两页。欧洲文艺复兴

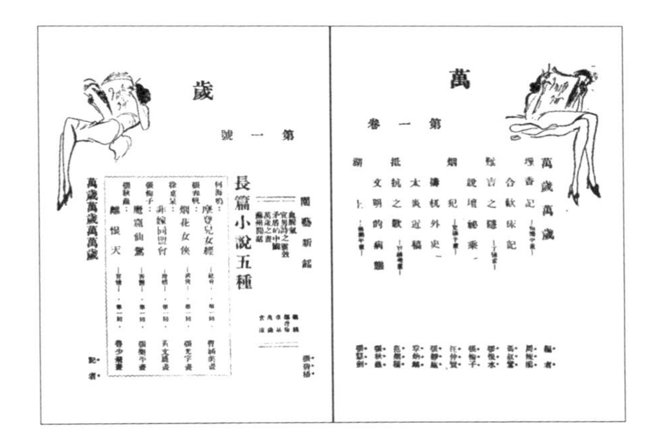

萬歲

第一卷 第一號

萬歲萬歲 編者

埋香記

合歡床記

說壇鄉乘

太炎近稿

抵抗之歡

文明的病態

湖上

長篇小說五種

何海鳴：摩登兒女經

烟花女俠

魔窟仙蹤

張秋蟲：離恨天

萬歲萬歲萬萬歲 記者

《万岁》目录（2页）

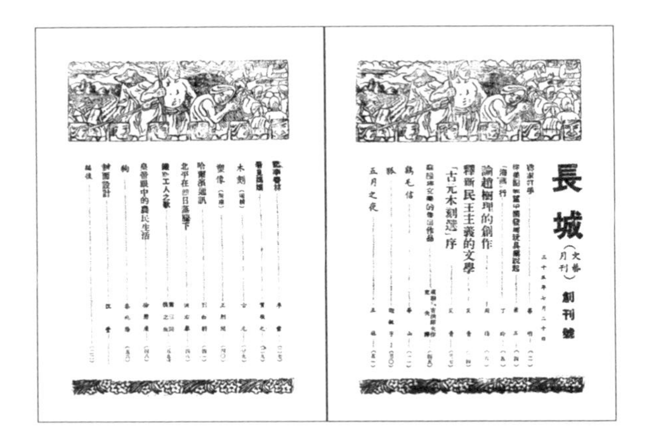

長城（文藝月刊）創刊號

三十五年七月二十日

論趙樹理的創作 周揚

釋新民主主義的文學

「古元木刻選」序

鷄毛信

五月之夜

木刻

塑像

哈爾濱通訊

封面設計

編後

《长城》目录（2页）

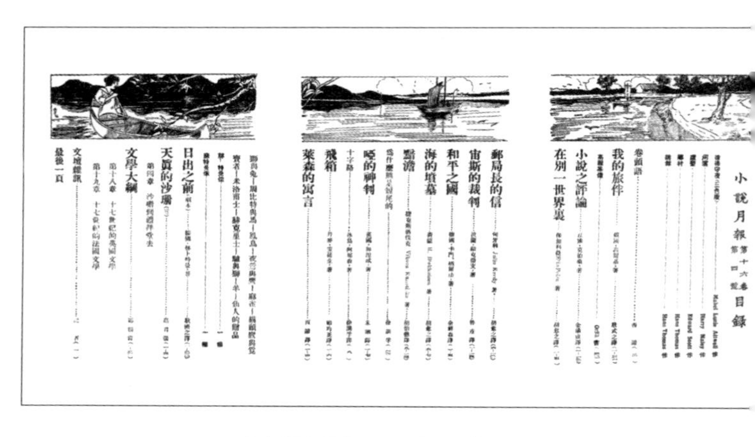
小說月報 第十六卷第四號 目錄

《小说月报》目录（3 页）

的画作、中国的汉画像石拓片，画家都可以作为饰图素材而精彩再现。《万岁》目录的摩登女郎与《长城》目录的劳作农民，烙上了截然不同的时代印记。《小说月报》的目录占一页的极少，一般占三页位置，三页上端为一条饰图贯通，平淡的景物中洋溢着怡人的情趣。

20 世纪 30 年代的期刊流行拉页式目录。这种目录不是与内文一起双面印刷，阅读时一页一页地翻阅，而是单面印刷，将目录一页连一页地印成横幅，再和

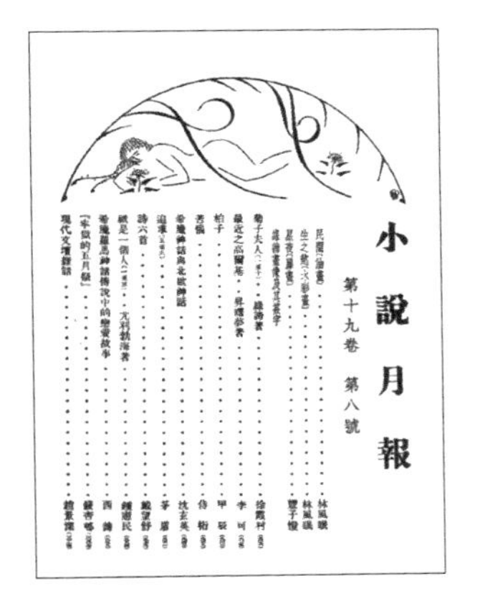

小說月報

第十九卷　第八號

《小说月报》目录（1 页）

小說月報

第十九卷　第五號

《小说月报》目录（1 页）

内文合订，然后折叠放入刊内。检索时“拉出”展开，全期目录一览无余。这样方便了阅读，扩大了设计范围，增加了视觉效果，美化了刊物，但也加大了印订成本。拉页式目录因刊物的大小、容量的多少而长短不同。1934 年 7 月 1 日出版的《文学》一周年纪念号，目录长达六页，十分炫目，大概算得上民国文学期刊拉页式目录中的“老大”。

与目录页相比，版权页有着特殊的意义。版权在中国古籍中称为牌记，主要用于标明刊刻的机构、刻家

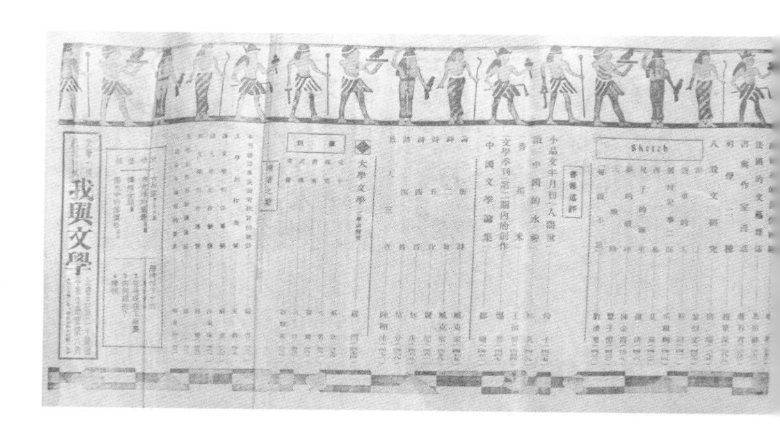
我與文學
大學文學
書報述評
小品文半月刊「人間世」
中國的水滸
文學季刊（第二期）內的創作
中國文學論集
Sketch
八股文研究
法國的文藝雜誌

《文学》目录

的姓名、刊印的时间、刊刻的特点以及版本的介绍等。它是法律的标识，印证作者、译者、出版者各自的权益。现代形态的期刊版权页应具有以下信息：杂志名称、期数、刊期、出版时间、编辑人、发行人、出版人（或出版单位）、印刷者（承印者或印刷单位）、经售者（或寄售处、发行所）、定价。刊期一项要注明是周刊、旬刊、半月刊、月刊或双月刊、季刊等。期刊登记证号码也是一项重要内容。有的杂志印出主编、编委姓名，有的还印出印数、售价表、广告刊例。

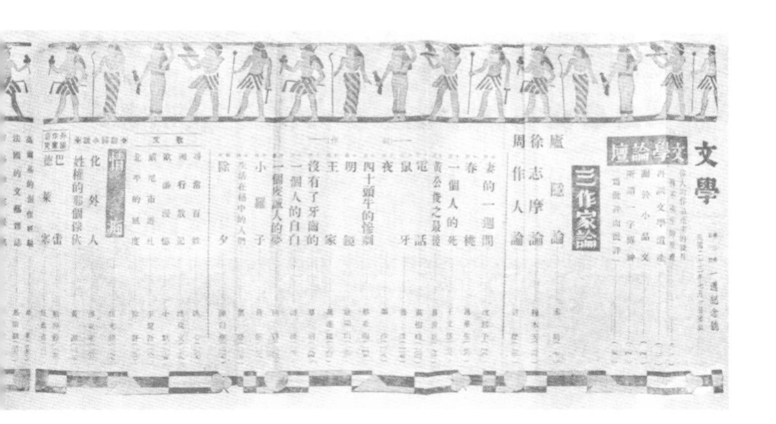

民国书籍期刊版权页上经常印有“版权所有，不准翻印”的字样。书籍的版权页上贴有作者的“印花”，即类似印鉴的花纹图案。贴“印花”是作者和出版者之间相互制约的一种手段。作者按照与出版者商定的印数，在出版的书上贴上“印花”。没有贴的书籍，就属于盗印。期刊版权页很少见到“印花”。《小说家》第一期版权页的方框内贴了一片红纸，纸上钤盖印章，篆文为“小说家座谈会□□□□（无法辨认——引者）”，是否版权凭证还需要再作查考。

《文艺画报》目录饰图

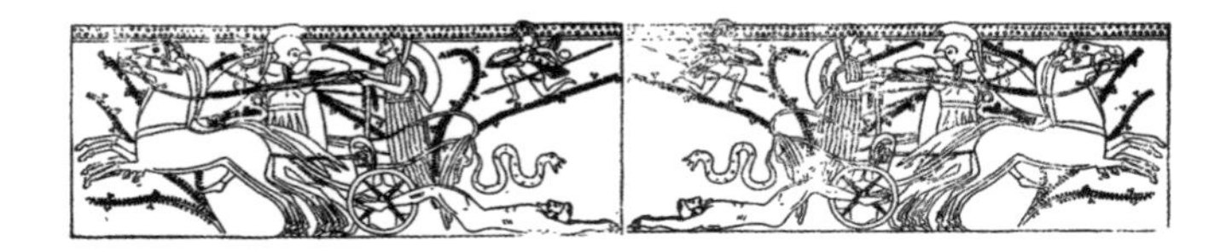

《现代文艺》目录饰图

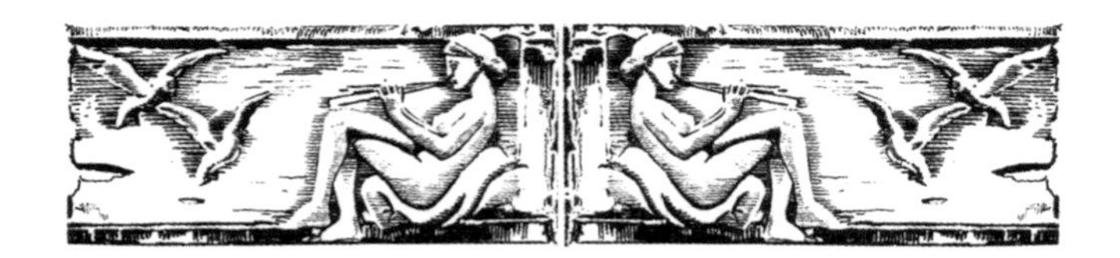

《希望》目录饰图

《月报》目录饰图

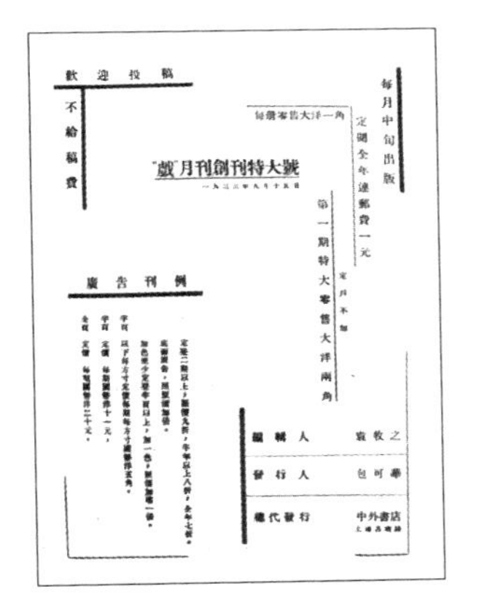

歡迎投稿
不給稿費

每月中旬出版
定閱全年連郵費一元
每冊零售大洋一角

"戲"月刊創刊特大號
一九三三年九月十五日

第一期特大零售大洋兩角
定戶不加

廣告刊例
定登二期以上，照價九折，半年以上八折，全年七折。
底面封面，照價加倍。
加色彩少定登半頁以上，加一色，照價加增一倍。
半頁以下 每方寸定價每期每方寸國幣洋五角。
半頁 定價 每期國幣洋十一元。
全頁 定價 每期國幣洋二十元。

編輯人	袁牧之
發行人	包可華
總代發行	中外書店 上海呂班路

《戏》版权页

小說家 第一卷第一期

編輯者
小說家座談會

十月號
主編人 歐陽山
出版人 小說家月刊社
印刷者 小說家月刊社
總經售 上海雜誌公司
本刊文字未經允許不得轉載

《小说家》版权页

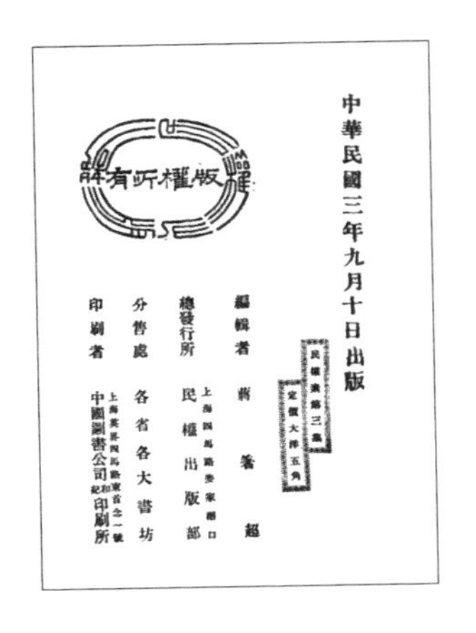

中華民國三年九月十日出版

民權素第三集
定價大洋五角

編輯者 蔣箸超
總發行所 上海四馬路麥家圈口 民權出版部
分售處 各省各大書坊
印刷者 上海英界四馬路東首念一號 中國圖書公司和記印刷所

《民权素》版权页

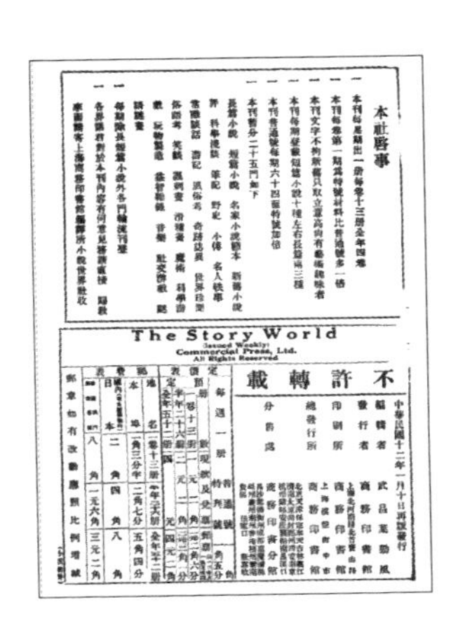

本社啓事

一 本刊每星期出一冊每季十三冊全年四卷
一 本刊每卷第一期為特號材料比普通號多一倍
一 本刊文字不拘新舊只取立意高尚有藝術趣味者
一 本刊每期登載短篇小說十種左右長篇兩三種
一 本刊普通號每期六十四頁特號加倍
一 本刊暫分二十五門如下
長篇小說 短篇小說 名家小說範本 新體小說 科學漫談 筆記 野史 小傳 名人軼事 雋語談話 遊記 諧俗考 奇異誌異 世界珍聞 笑林 諷刺畫 滑稽畫 魔術 科學遊戲 玩物製造 益智雜俎 音樂 社交游戲 謎語畫
一 每期除長短篇小說外各門輪流刊登
一 各界讀者對於本刊內容有何意見務請直接寄函上海商務印書館編譯所小說世界社收

The Story World
Issued Weekly
Commercial Press, Ltd.
All Rights Reserved

不許轉載

中華民國十二年一月十日再版發行
編輯者 武昌葉勁風
發行者 商務印書館
印刷所 上海北河南路北首寶山路 商務印書館
總發行所 上海棋盤街中市 商務印書館
分售處 商務印書分館

郵章如有改動應照比例增減

《小说世界》版权页

《离骚》第一期封面

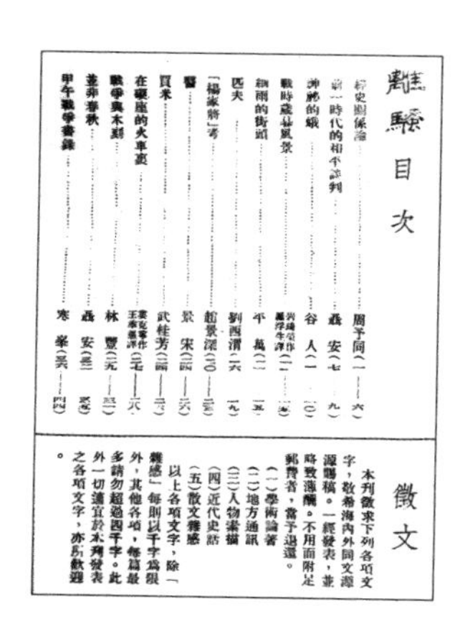

離騷目次

徵文

本刊徵求下列各項文字，敬希海內外同文源源賜稿。一經發表，並略致薄酬。不用而附足郵費者，當予退還。

（一）學術論著
（二）地方通訊
（三）人物素描
（四）近代史話
（五）散文雜感

以上各項文字，除「雜感」每則以千字為限外，其他各項，每篇最多請勿超過四千字。此外一切適宜於本刊發表之各項文字，亦所歡迎。

《离骚》第一期目录

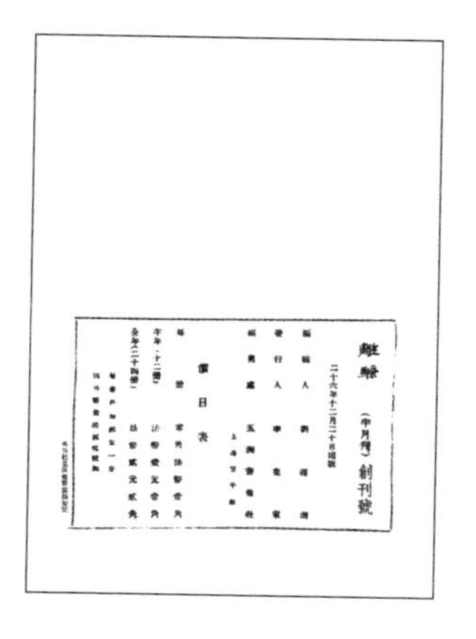

離騷（半月刊）創刊號
二十六年十二月二十日出版

編輯人　劉西渭
經售處　五洲書報社

價目表
每冊　實價法幣壹角
半年（十二冊）　法幣壹元壹角
全年（二十四冊）　法幣貳元貳角

《离骚》第一期版权页

《离骚》第一期封底

民国期刊一期出版后可以重印，有的甚至不止一次地重印，版权页上均应记录。从出版时间、印次中，可看到期刊内容的调整与增删；而编辑人员的变动，则反映出当时文人之间的结集离合。如1934年1月《文学季刊》创刊号再版时，主持人巴金抽去了初版原有的季羡林的书评、封底编委会和特约撰稿人的名单。这使“本刊编辑人”李长之大为不满，双方产生龃龉，李退出了编委会。

鉴于社会的政治情势，版权页的信息并非都是真实的记录。1937年12月，作家阿英按照中共上海地下党组织的指示在孤岛创刊了《离骚》，版权页的编辑人却署名“刘西渭”。这是剧作家李健吾的一个不常用的笔名，一般人都不知道。即使李健吾本人，也是在三十年后才得知当年自己曾“编辑”过《离骚》。这确是迟到的信息。

版权页的装帧空间不大，但编者或利用纵横粗细的线条对版面做视觉分割，或调整字体的大小形成不同的造型意象，尺幅之间，也付出了装帧的慧心。

千变万化美术字

刊名字体的设计，属于期刊整体装帧的一个部件。千姿百态的美术字，让民国文学期刊锦上添花。

清末民初期刊的刊名，最初只是手写，类似传统书籍的题签。封面设计的改变，首先是刊名字体的变化。一般认为，《新青年》第一个采用新型美术字作为设计的元素，由此发展到点、线、块面的装饰，直到图案、花草、人物等绘画手段的直接渗入，期刊封面从而提升到一个新的层次。研究者周博说："事实并非如此。现代意义上的中文'美术字'，在清末上海商务印书馆的一些出版物中就已经能够看到了。民国元年（1912年）8月1日出版的《真相画报》第六期、民国二年（1913年）2月1日出版的《真相画报》第十四期，都用了图案文字。"20世纪30年代，"'美术字'的创作水平和使

THE TRUE RECORD
(ILLUSTRATED MAGAZINE)
(THREE TIMES MONTHLY)
VOL. 1. No. 6.
AUG. 1, 1912.
第六期
真相畫報
元年八月一日出版
每月三回發行●郵政局特准掛號認為新聞紙類
OFFICE: 45, WEI FOO LEE, FOOCHOW ROAD SHANGHAI.

《真相画报》

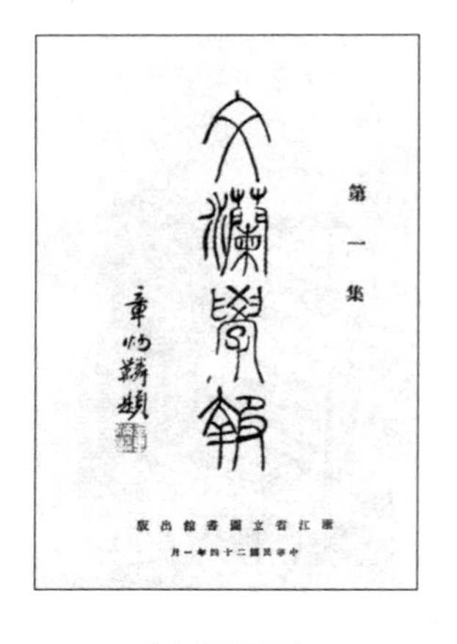

《文澜学报》

《热风》

用频率可以说达到了顶峰。”（《中国现代文字设计图史》）

民国文学期刊刊名的书写，大体有三种：

第一种是书法。各体都有，隶书、篆书、楷书较多，草书较少。不署书写人姓名，署姓名的，一般是杂志邀请名人题写刊名。至于名人所指，刊物各有不同。名人书法，书体多样，面貌各异。编者的意图主要在于借名人题签炒作，发挥名人效应，提高刊物的知名度。

第二种是辑字。如《热风》杂志，刊名用字均选自鲁迅手迹，而非鲁迅题写。再早一点，1920 年出版的

《流沙》

《南国周刊》

《海漪月刊》

《新宇宙》

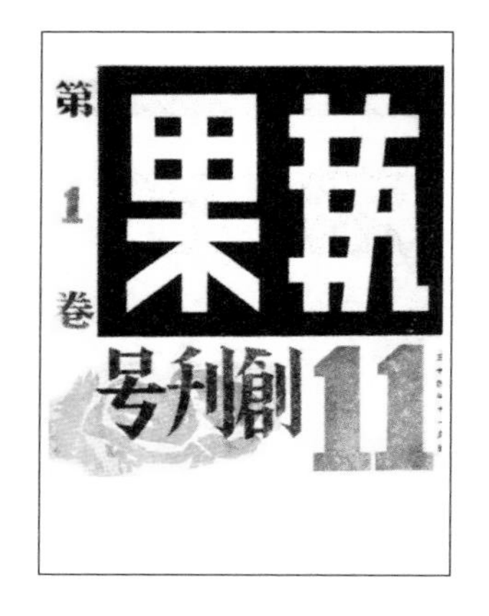

《小说月报》　　《艺果》

第十一卷《小说月报》，每期刊名都是从古碑或古帖中选字，双钩勾出，然后拼成。全年十二期，刊名来自不同的古碑和古帖，连起来犹如一道古代书法的长廊。

第三种是美术字。美术字，就是以艺术形式处理过的汉字，也称图案字、现代美术字。“现代美术字是以汉字的结构、点画为元素，通过精心的构思和艺术化的组织，将文字以美的形象表现出来，使之符合特定的环境。”（李明君：《中国美术字史图说》）美术字又可分为两种：一是印刷体美术字。常见的以黑体、

《画风》

《北斗》

宋体居多。《艺果》横平竖直，横与竖一样粗壮；《画风》线条较细，修长匀称。印刷体美术字保留字形和基本笔画，但有的笔画作了规整修饰，如《奔流》《萌芽月刊》；有的点、撇、捺、提作了变形处理，如《北斗》。二是图形化美术字。图形化美术字的汉字形态已打破了原有的字形结构，笔画变化和增减之后成为几何图形，具有强烈的前卫风貌。

钱君匋和张光宇是美术字设计的大家。钱君匋偏重于印刷体美术字，如《文艺新潮》沉稳厚重，儒雅浑成。

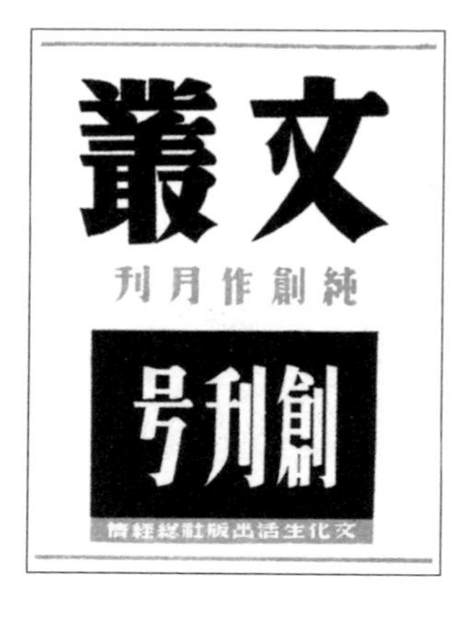

《文丛》

《文艺新潮》

《谈风》

《万象》

《上海漫画》之一

《上海漫画》之二

张光宇的美术字结体沉雄、稳健雍容，但主要在图形化的探索，如《上海漫画》，刊名四个字，有的基本由圆和方的块面组成，有的以线作曲折回旋，无不闪烁着艺术灵气。张光宇将图案的要素很协调地融入了汉字的美化，为汉字的图案化开辟了一条既崭新又宽广的大路。画家廖冰兄称之为“张体”，给以高度评价：“现代口味的图案字实则是产生于20年代初期。不过，其时的结构、造型、形态虽然大都新鲜，却总免不了别扭之感。至张光宇的图案字一出，却是既独特又自然，

《清明》

《亚丹娜》

千变万化又能和谐统一，你不得不承认这是新的、现代的，又是符合中国书艺规范以及民族欣赏口味的。”（《辟新路者》）

美术字美在变化，变化的底线是不能过失本色，使人无从认识。钱君匋说：“有些设计者把图案字设计得过于变形夸张，写出来的字使人不能确认，或要经过反复猜想，才能认出是某字，这种设计应该避免。图案字总要使之易认易识，美观典雅才好。”（《书籍装帧技巧》）

开本的标新立异

开本是期刊最外在的形式，指期刊幅面的规格大小，即一张全开的印刷用纸裁切成多少页。裁切成相等的十六页的就是十六开，裁切成相等的三十二页的就是三十二开。但因为纸张幅面不一，即使同样的开本，规格大小也不尽相同。

清末的四大小说期刊的开本，相当于雕版书籍的尺寸，与现代三十二开本相近。民初开本加大，大都采用了十六开本。随着印刷技术的普及，开本又出现多种尺寸，但十六开和三十二开是最常见的开本形态。三十二开又分为大三十二开和小三十二开两种，如《熔炉》和《译林》。1929 年 1 月在上海创刊的《雅典》，傅彦长编辑；三十二开，却是横式开本，可谓这一开本中的另类。

《熔炉》

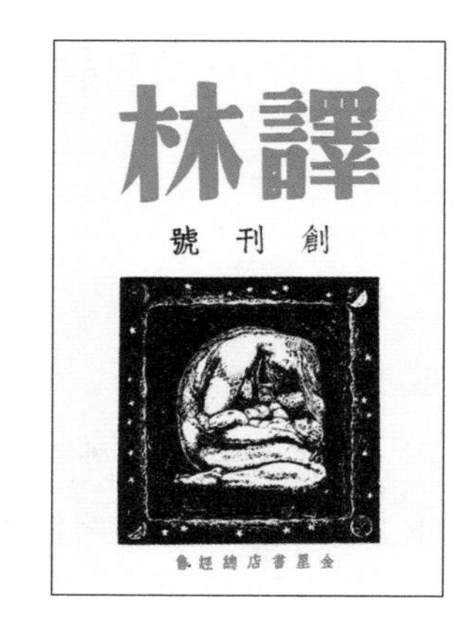

《译林》

邵洵美主办的《十日谈》，1933年8月出版于上海，十日一期，八开本。为什么要出八开本？据说，邵洵美有次读到了一篇记载英国新闻大王北岩爵士的成功，是从发行一种八开本周刊 *Answers Weekly*（《回答》）开始的文章，于是决意模仿。编者说：“市上十六开本多至一百余种，今用八开本，所以表区别也。”不过，这一别致的开本，读者却不认同。几个月后，编者即在《本刊特别启事》中表态：“近接各地读者来函，对本刊原用之八开大小，阅读不便，要求改小篇幅。敝

《雅典》

社为采纳公意，爰自第二十五期（四月十日出版）起，改为十六开本。”1934 年 5 月在上海创刊的《小说》月刊却恰恰相反，第一期和第二期是十六开本。第三期改为半月刊，开本扩大为八开。这样的规格在小说杂志中极为少见。美术编辑是二十岁的黄苗子，当时的海上画家鲁少飞、叶浅予、唐英伟、张英超等，都是杂志热情的支持者。《小说》的八开本，一直未变，坚持到终刊。

周瘦鹃编辑的杂志，喜欢特殊开本，大小参差，时出新意。1922 年创办的《紫兰花片》，第一年是直式

《十日谈》之一

《十日谈》之二

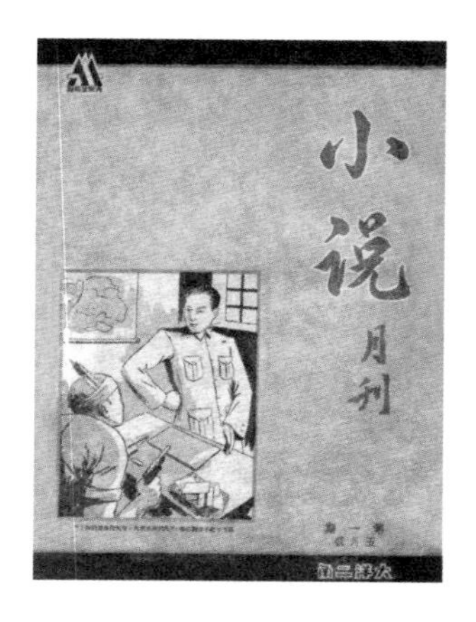

《小说》之一

《小说》之二

《紫罗兰》之一

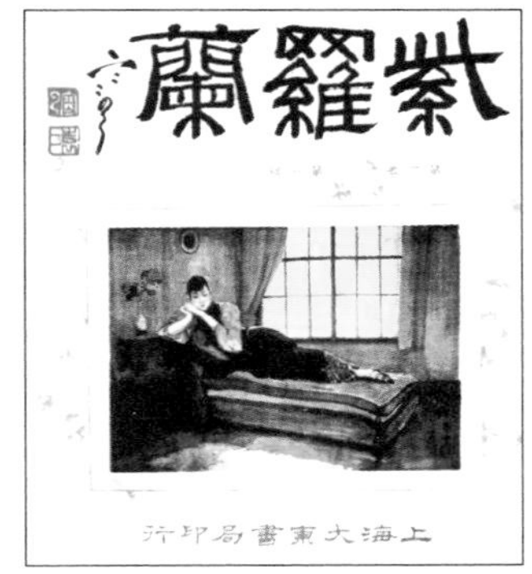

《紫罗兰》之二

六十四开本，封面为彩印的中西时装仕女图。第二年也是六十四开本，但改为横式，封面为古装仕女图，仍为彩印。“所有排法编制，都很新颖，注重一个‘美’字。”（《周瘦鹃的新计划》）1921 年编辑的《半月》，异型的十六开。1925 年年底创办的《紫罗兰》半月刊，《紫罗兰》之一和之二，即第一卷和第二卷采用了别致的二十开本。之三，即第三卷的开本为三十开，画面在第二页，第一页封面纸镂空，如一扇窗口，显出后面对应位置的彩色仕女画，“画里真真，呼之欲出”。

《紫罗兰》之三

《紫罗兰》之四

之四为第四卷，封面不再镂空。之五为1943年4月复刊的《紫罗兰》，月刊，开本改为三十二开，但较前要小。1941年5月，周瘦鹃还办过《乐观》杂志，开本窄而长，玲珑小巧。他在《乐观》发刊词中说："我是一个爱美成癖的人，宇宙间一切天然的美，或人为的美，简直是无所不爱。""我因爱美之故，所以对这呱呱坠地的《乐观》也力求其美化，一方面原要取悦于读者，一方面也是聊以自娱。"1947年，周瘦鹃又编了一次《乐观》，小三十二开本，仅出一期。多年之后，周瘦鹃对

《紫罗兰》之五

《紫兰花片》之二

《紫兰花片》之一

《乐观》（1941）

《乐观》（1947）

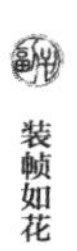

女儿回忆办刊往事时，对开本的花样翻新还颇为自得："我是不断挖空心思，标新立异的。"（《姑苏书简》）

民国文学期刊有毛边本。《萌芽月刊》《莽原》《奔流》《创造》《沉钟》《新月》《戈壁》《诗篇》《水星》都是毛边。毛边本是一种版本形态，即书芯装订成册后，只裁地脚（下切口），不裁天头（上切口）和翻口（外切口），阅读时需另外裁切。有的毛边杂志连地脚也不切，更富野趣。唐弢说："我觉得毛边书朴素自然，像天真未凿的少年，憨厚中带些稚气，有一点本色的美。"（《"拙的美"》）

文学广告

我国图书广告的历史十分悠久。近代以来，现代印刷技术的引进，现代化图书出版业的形成，促使图书广告取得了长足的发展。

民国文学期刊都刊登广告，既有商业广告，也有图书广告。期刊的封里、封底、文章篇末的空白处，甚至目录、版权页前后，都是刊载广告的空间。文学期刊是图书广告的主要载体。

文学图书广告，常见的有两种编排：一是某位作家的某本作品的单一类型，一是按出版社（书店）或丛书或作家或作品体裁组成的系列。鲁迅的《坟》、淦女士的《卷葹》、孙福熙的《归航》、叶绍钧（叶圣陶）的《城中》属于前者；后者则如《文学》刊出的《良友文学丛书》广告、《创作文库》广告，《笔谈》的《新

《城中》广告

《归航》广告

艺社艺术丛书》广告，《青年界》的《创作新刊》广告等。系列图书广告为读者提供一个相对完整的出版信息，形成一种规模效应，产生较为广泛的社会影响。

图书广告不但成为文学图书销售的一种重要营销手段，而且成了现代文学的一个文学性极强的副产品。

现代作家和编辑撰写的广告词，准确定位书的内容，又有文学色彩，超越了一般商品广告的范畴，成为一种新型的广告文学。《归航》在《一般》刊出的广告中“用画家的笔致，抒写诗人的情绪；凭冷静的头脑，

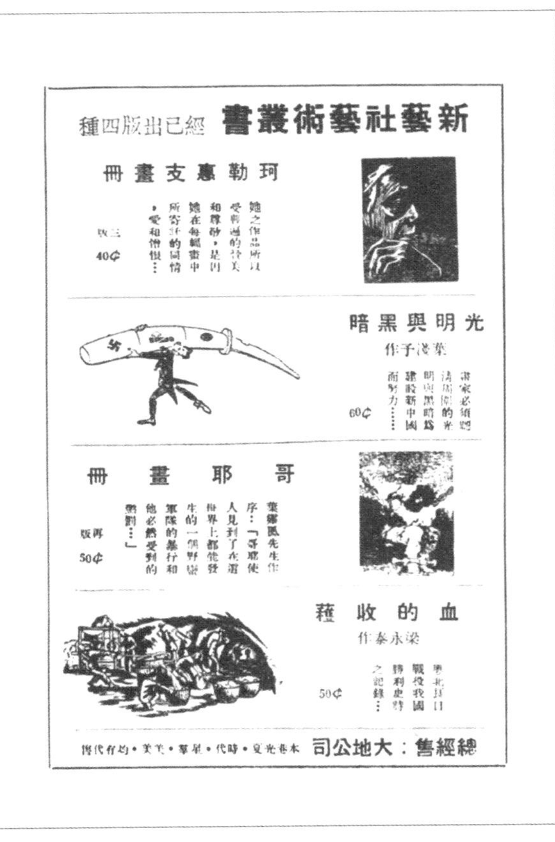
新藝社藝術叢書
經已出版四種
珂勒惠支畫冊
她之作品所以受到過的讚美和尊敬，是因她在每幅畫中所寄託的同情，愛和憎恨……
三版
40¢
光明與黑暗
華淺子作
畫家必須認清周圍的光明與黑暗爲建設新中國而努力……
60¢
哥耶畫冊
葉靈鳳先生作序：「哥耶使人見到了在這世界上都能發生的一個野蠻軍隊的暴行和他必然受到的懲罰……」
再版
50¢
血的收穫
梁永泰作
粵北打日戰役我國勝利史詩之記錄……
50¢
總經售：大地公司
木巷光夏・時代・星羣・美美・均有代售

《新艺社艺术丛书》广告

《创作文库》广告

《创作新刊》广告

观察纷扰的世态”，恰切地总括了孙福熙富有诗意画趣的游记特色。《城中》的广告评价叶绍钧的小说，“对于人生的锐利的观察，对于社会的如沸的热望，早已震动一般青年的心窗”，新作“尤其表现他文学技术的最高点”，引发读者的阅读兴味。

文学期刊在刊出广告时的装帧设计，透过文字、图像和符号刻意营造出的文化影响力，常常新人耳目。

《北新》刊出的鲁迅散文集《坟》的广告，没有具体介绍书的内容，只移用了鲁迅为《坟》的扉页设计

良友文學叢書
趙家璧主編
每册一律 大洋九角
每册一律 大洋九角
本書四大特點
豎琴 魯迅編譯
曖昧 何家槐作
雨 巴金創作
一天的工作 魯迅編譯
一年 張天翼作
剪影集 蓬子創作
母親 丁玲創作
上海北四川路良友圖書印刷公司發行

《良友文学丛书》广告

《坟》广告

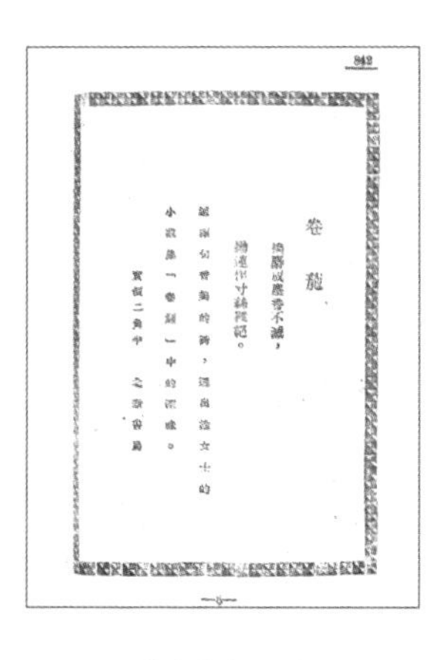

《卷葹》广告

的装饰画。一个正方形的方框，框内为作者名和书名，框外右上角是一只一眼睁开一眼闭合的猫头鹰，边框四周组入天、云、树、月、雨等图形。一般认为猫头鹰是不祥的恶鸟，鲁迅却作为书籍的装帧，“其含义，恐怕还是象征旧世界覆亡的预兆”（王锡荣：《画者鲁迅》）。《卷葹》在《北新》的广告，一整页篇幅只有这样四行文字：“搗麝成尘香不灭，拗莲作寸丝难绝。这两句香美的诗，透出淦女士的小说集《卷葹》中的深味。”大空间的留白，让读者去神驰遐想。

《矛盾丛辑》预告

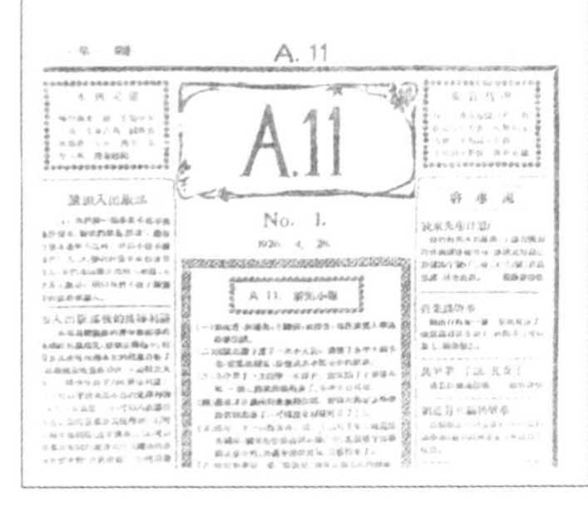

《A.11》刊载图书信息

丛书广告无不是以精要鲜明的语言浓缩书的内容为主体，同时加上图片。有的选取原书插画，有的配以作者画像，有的书名和作家署名全用作家手迹制版，有的只是变化文字的排列组合，从而使得版面有声有色。

文学广告内常含有关于书籍装帧、版式、用纸等信息，留存下珍贵的史料。如韦丛芜的长诗《君山》配有精美的插图，读者从《语丝》的《君山》广告中得知："这是四十首连贯的抒情诗，作者将初恋时期的热情和幻梦、悦乐和悲哀，用极新鲜的格调歌咏出来。

林风眠封面，司徒乔插图十幅，现已出版。”封面设计和插图绘制皆出自名家。

文学广告，一定程度上反映了刊物的政治倾向，留下了当时文学运动和发展的信息。同时，文学广告数量的多少、版面的大小，常常可以显示一个文学期刊传播意识与开放意识的强弱。文学广告成了文学期刊的别样景观。

1926年4月，创造社出版部出过一个四开八页的周刊《A. 11》。看似古怪的刊名，实际是出版部地址的门牌号码。编者是出版部的几个年轻人，负责的是潘汉年。《A. 11》主要刊载图书出版信息，叶灵凤说："那时新文艺出版事业正在开始，即使在上海，专门出版新文艺书籍的新书店还很少，更没有‘出版消息’这一类的半宣传小刊物出版。”（《〈A. 11〉的故事》）因此《A. 11》大受欢迎。周刊每期除一版刊载书籍广告外，其余三个版面还为编者留下一席之地，年轻人得以发表社会短评，嬉笑怒骂，锋芒毕露，向黑暗社会喷射一腔愤火。

“刊中刊”和“刊外刊”

“刊中刊”和“刊外刊”是期刊的另种形态。

一个期刊占了另一个期刊中的一部分篇幅，与原刊一起出版发行，这种期刊中的期刊就是“刊中刊”。《时与潮文艺》是一本综合性文艺月刊，旨在“翻译海外名著，精选国内杰作”，1943年3月在重庆创刊。第二年3月出版的第三卷第一期的封面目录上，加上“书评副刊”四字。《书评副刊》是附在《时与潮文艺》之中的一个新刊，每期约占十页左右。原刊为正刊，新刊就是副刊了。

《书评副刊》编者李长之，山东利津人，20世纪30年代已经是著名学者和文艺批评家。他重视书评，在《发刊词》中指出：“我们理想中的书评应该符合一般的批评文章的条件，那就是：要同情的了解，无

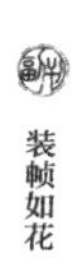

時與潮文藝

書評副刊

發刊詞

《时与潮文艺》

《书评副刊》

忌惮的指责，可以有情感而不能有意气，可以有风趣而不必尖酸刻薄，根据要从学识中来，然而文字仍须是优美而有力的创作。”李长之特别强调批评的精神：“批评是反奴性的。凡是屈服于权威，屈服于时代，屈服于欲望（例如虚荣和金钱），屈服于舆论，屈服于传说，屈服于多数，屈服于偏见成见（不论是得自他人，或自己创造），这都是奴性，这都是反批评的。千篇一律的文章，应景的文章，其中绝不能有批评精神。批评是从理性来的，理性高于一切，所以真正批评家，

《茶话》

《美丽》

大都无所顾忌，无所屈服，理性之是者是之，理性之非者非之。”（《产生批评文学的条件》）《书评副刊》一共出刊十五期，1946年5月《时与潮文艺》停刊，《书评副刊》也随之结束。

1946年6月，上海出版的《茶话》月刊，里面套着另一本期刊《美丽》。《美丽》与《茶话》从第十八期至第二十五期，只共存了八期。内容上《茶话》刊载文学作品，《美丽》重点发表科普文章。如第二十二期（1948年3月10日出版），《茶话》刊发有《三

《文艺春秋》

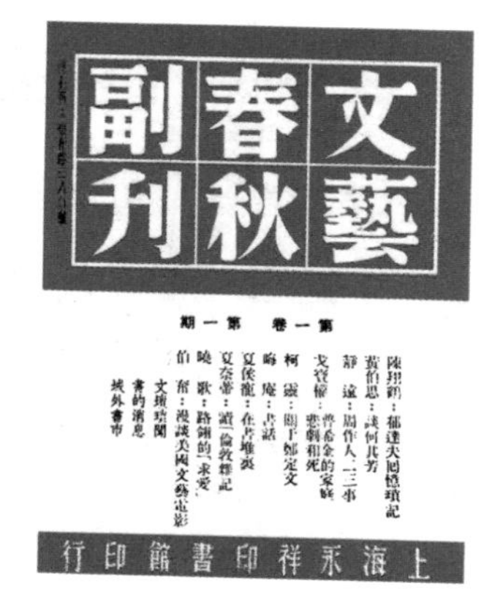

《文艺春秋副刊》

姊妹》《风下随笔》《钏影楼日记》等，而同一期《美丽》刊发的则是《人工受孕》《肥皂·咖啡·香烟商标考》《美国的潜艇计划》等，内容大有不同。

《文艺春秋副刊》是另一种形式的“副刊”。

1944年10月在上海创刊的《文艺春秋》，范泉主编，永祥印书馆印行。三十二开本，当时为“丛刊”。“丛刊”就是以书的面目分辑出版的期刊。这是上海从孤岛到沦陷，为避开杂志出版登记而出现的一种期刊形式。每辑根据中心内容或借用辑中某篇文章另起一个书名，

《文摘》

《文摘副刊》

书名一辑一换。1945年9月，《文艺春秋》“丛刊”已出五辑，分别是《两年》《星花》《春雷》《朝雾》《黎明》。最后一辑出版时日寇已经投降，稍作整顿，12月改为月刊，定名《文艺春秋》，仍为三十二开本，每期二百多页，主要发表重型的长篇作品。读者也希望看到轻型的短小精悍的作品，于是催生了《文艺春秋副刊》。1947年1月15日，《文艺春秋》第四卷第一期出版的同时，《文艺春秋副刊》面世。月刊，三十二开本，仅三十六页。与正刊主要刊发长篇不同，副刊文章千字篇幅，文字活泼，谈谈作家，谈谈作品，报道一点艺文方面的小消息。这样的内容正是对正刊的补充，很受读者欢迎。但战后上海经济恶化，仅出三期，即告停刊。

《文艺春秋副刊》与《书评副刊》和《美丽》不同，单出一本，不在正刊之内，不随正刊赠送，需要另外付钱订阅购买，应是“刊外刊”了。

与《文艺春秋》和《文艺春秋副刊》相类的，有《文摘》和《文摘副刊》。《文摘》，复旦大学文摘社编辑，1937 年 1 月 1 日在上海创刊，称为“杂志之杂志”。全面抗战开始后，一度更名为《文摘战时旬刊》。先迁汉口出版，后至重庆，抗战胜利后回到上海，1948 年 11 月终刊。1942 年 3 月，文摘社曾出版了《文摘副刊》。与《文摘》以政治、经济为内容的重点不同，《文摘副刊》侧重于文学艺术与百科知识的选摘。《文摘》为十六开本，《文摘副刊》为三十二开本。名曰“副刊”，实际上已是一种独立的期刊。

全书人名索引

索引选收本书中与期刊装帧有关的中国画家、设计家、作家、编辑和学者。

按照姓氏的汉语拼音排列先后。外国画家则集中文末，以国别为序。

姓名前的数字为人物出现的页码。限于篇幅，只列出一个重点页码，也不局限于首次出现。

中国人名

外国人名

后 记

凡是阅读民国文学期刊的读者，大概都会对其装帧之美留下印象。民国文学期刊的装帧一改政经杂志版面文章堆砌的单调乏味，又不像电影画报图片四溢的喧哗热闹，风采别具，我很喜欢。但没有想到撰写一本民国期刊装帧的小书。

提出“民国期刊装帧”这个选题并向我约稿的，是《北京青年报》负责阅读版副刊的尚晓岚（思伽）编辑，一位年轻干练又极富才华的女性。时间在 2017 年春天。我拟出大纲之后和晓岚多次通信讨论，修改斟酌，最后确定了细目和文图配合的体例。这年 10 月，专栏在《美书馆》专版与读者见面，晓岚还加了编者按语。由此开始，每月第一个周五如期刊出。报纸对开全彩，小文常常占一个版二分之一乃至三分之二的版面。每期见报的前一天，我都会收到晓岚准时发来的版样。她的认真敬业，令人钦佩。

专栏受到读者的好评。想来是以民国文学期刊作为实例，系统地介绍期刊装帧艺术的文章不多的缘故吧。连载将近结束，我有了作点订补、结集出版的打算。晓岚大力支持。作序的人选自然就非她莫属了。2019年1月14日，她发信说："按说快要到了交您文章的时候了，我原本计划最迟是1月底。无奈最近被流感击中，连日卧床，实在有些精力不济。我会努力在1月底交稿，实在不行的话，请容我稍拖几日，不会太久。"我回信劝她不要急，晚几个月也不会误事。哪里想得到，她的病情陡转，3月1日就遽然离世。天妒英才。今日小书出版，晓岚已经在另一个世界几近两年了。

《装帧如花》从连载到成书，有幸得到不少朋友的帮助，我都心存感激，这里一并致谢。

2020年立冬，何宝民记于郑州。

精品栏目荟萃

《副刊面面观》

《心香一瓣》

《纽约客闲话精选集　一》

《多味斋》

《文艺地图之一城风月向来人》

《书评面面观》

《上海的时光容器》

《谈艺录》

《问学录》

《名人之后》

《纽约客闲话精选集　二》

《编辑丛谈》

《本命年笔谈》

《国宝华光》

《半日闲谭》

《这么近，那么远》

《群星闪耀》

《深圳，唤起城市的记忆》

个人作品精选

《踏歌行》

《家园与乡愁》

《我画文人肖像》

《茶事一年间》

《好在共一城风雨》

《从第一槌开始》

《碰上的缘分》

《抓在手里的阳光》

《阿Q正传》

《风吹书香》

《书犹如此》

《泥手赠来》

《住在凉山上》

《老解观象》

《犄角旮旯天津卫》

《歌剧幕后的故事》

《色香味居梦影录》

《走读生》

《回家》

《武艺十八般》

《一味斋书话》

《收藏是一种记忆》

《沙坪的酒》

《花树下的旧时光》

《嘉兴人与事》

《“闲话”之闲话》

《丽宏读诗》

《流水寄情》

《我从〈大地〉走来》

《慢下来，发现风景》

《有时悲伤，有时宁静》

《装帧如花》